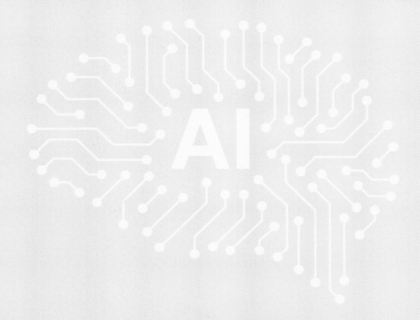

百闻不如一试

生成式人工智能的初接触

李永智 主编

Encounter with
Generative
Artificial Intelligence
(Gen AI)

教育科学出版社
·北京·

出 版 人　郑豪杰
责任编辑　翁绮睿　王晶晶
版式设计　锋尚设计　杨玲玲
责任校对　贾静芳
责任印制　米　扬

图书在版编目（CIP）数据

百闻不如一试：生成式人工智能的初接触/李永智
主编. — 北京：教育科学出版社，2023.12
ISBN 978-7-5191-3820-2

Ⅰ.①百…　Ⅱ.①李…　Ⅲ.①人工智能　Ⅳ.
①TP18

中国国家版本馆 CIP 数据核字（2023）第 255742 号

百闻不如一试：生成式人工智能的初接触
BAIWEN BURU YISHI: SHENGCHENGSHI RENGONG ZHINENG DE CHU JIECHU

出 版 发 行	教育科学出版社			
社　　　址	北京·朝阳区安慧北里安园甲 9 号	邮　　编	100101	
总编室电话	010-64981290	编辑部电话	010-64981167	
出版部电话	010-64989487	市场部电话	010-64989009	
传　　　真	010-64891796	网　　址	http://www.esph.com.cn	
经　　　销	各地新华书店			
制　　　作	北京锋尚制版有限公司			
印　　　刷	北京市大天乐投资管理有限公司			
开　　　本	787 毫米×1092 毫米　1/16	版　　次	2023 年 12 月第 1 版	
印　　　张	6	印　　次	2023 年 12 月第 1 次印刷	
字　　　数	78 千	定　　价	42.00 元	

序言

杨宗凯

当前，数字技术正在深刻改变着教育行业，教育的数字转型和智能升级呈现加速发展的态势。习近平总书记指出，教育数字化是我国开辟教育发展新赛道和塑造教育发展新优势的重要突破口。人工智能技术在教育中的应用已经全面覆盖教、学、研、评、管等各个环节，对于促进教育公平、提升教育质量、优化教育治理、支撑终身学习的作用日益显著，正在缔造全新的教育形态。

2022 年底，以 ChatGPT 为代表的生成式人工智能技术开始广泛应用，标志着人工智能技术进入新的发展阶段。通过人类反馈强化学习技术训练的 ChatGPT，能够记忆使用者的对话信息并进行上下文理解，生成更快速、更精准的对话反馈，极大地提升了用户体验。其出色的文本摘要、语言翻译等自然语言处理能力也引发了各界广泛关注，可能在诸多领域产生颠覆性影响。

在这一关键节点下，中国教育科学研究院李永智院长主编的《百闻不如一试：生成式人工智能的初接触》一书应时而生。该书聚焦于教育场景中的学习活动，以通俗易懂的话语深入浅出地阐释了生成式人工智能及其在生活中的应用，回应了生成式人工智能应用于学习活动的原因、表现、方法及需要注意的问题，展望了在学习中应用生成式人工智能的典型趋势。书中列举了大量实际应用场景，既有很好的专业性，也兼顾了操作指导性，是关于生成式人工智能教育应用的少有佳作。

生成式人工智能与教育融合是大势所趋，教育系统需因势利导，利用技术赋能，塑造更加健康、更有乐趣的学习形态。在生成式人工智能发展如火如荼之际，《百闻不如一试：生成式人工智能的初接触》一书的出版，可谓恰逢其时，是值得期待的。

李永智

　　我们当前所处的时代面临着百年未有之大变局。人类历史方向和进程将会出现大发展、大变化、大调整、大转折。在这样一个变化莫测的时代，作为一名学习者，我们既会面对巨大的挑战，也必然会在挑战中觅得前所未有的发展机遇。这需要我们真正看清自己所处时代的形势。

　　这是一个新技术"爆棚"的时代。进入 21 世纪后，不到 20 年的时间，我们所能接触到的技术创新和进步的程度就已经让人惊叹不已。互联网、移动通信、大数据、人工智能等技术让我们觉得神话中提到的"千里眼""顺风耳"已经走进平常生活。2016 年，当"阿尔法围棋"（AlphaGo）打败人类的世界围棋冠军后，人们惊呼已经看到人工智能达到人的智能水平的希望。2022 年，ChatGPT 3.5 的横空出世，犹如一石激起千层浪，让世人再度震惊于人工智能所蕴含的"创造"能力。技术的快速发展既给我们带来了学习、生活上的便利，同时也意味着如果不能掌握新技术，我们就很难跟上时代发展的步伐。

　　这是一个信息"爆炸"的时代。技术的创新与发展给我们的生产生活带来的一个直接影响就是信息量的快速膨胀与信息传播速度的倍增。在日常生活中，我们可以轻松地通过包括新闻、博客、论坛等在内的各种媒介随时随地获取海量信息。信息量的增大、获取方式的便捷，既给我们带来了方便，同时也带来了大量的无用信息甚至虚假信息。在信息"爆炸"的时代，从信息的海洋中丢弃不好的信息，找到自己所需要的、有价值的信息，是一种必备能力。

　　这是一个学习"内卷"的时代。技术的创新让学习者必须掌握新的工具。信息量的剧增让学习者必须学会掌握更多有效知识的方法。从表面上看，两者叠加会大大增加学习者的负担，让人们不可避免地陷入学习的"内卷"。要解决这个难题，我们就必须尝试一套"借力打力"的学习方法，利用新技术来帮助自己高效地学习。这意味着每个学习者不能仅做一个新技术发展的旁观者，而是要尝试学习、掌握、驾驭新技术，随着技术进步改进自己的学习方式，不仅跳出学习的"内卷"，更要真正地通过更聪明的学习提升自己的知识水平与思维能力。

　　说到容易做到难。面对新技术的应用，学习者会产生很多的疑问。例如，我应该选择什么样的技术？为什么要选择这种技术？使用这种技术到底好在哪里？它怎么助力我的学习？在日常学习中，我究竟该怎么正确使用它？等等。为了帮助你解开这些困惑，我们组织专业人员编写了《百闻不如一试：生成式人工智能的初接触》，以当前最受大家关注的生成式人工智能为切入点，从为什么要在学习中应用生成式人工智能、什么是生成式人工智能、在学习中如何应用生成式人工智能、在学习中应用生成式人工智能需要注意哪些问题、在学习中应用生成式人工智能的未来展望以及生成式人工智能学习应用的相关资源获取六大方面，解答大家心中的问题，帮助学习者打开新的智慧学习之门。

　　本书力图用通俗易懂的语言、丰富的应用场景呈现出生成式人工智能的教育应用图景与规范使用的路线图，以帮助学习者树立使用生成式人工智能开展学习的正确观念，确保学习者在学习中与生成式人工智能理性健康互动，从而发挥生成式人工智能最大的价值，更好地开展学习。

　　由于生成式人工智能在学习中的应用尚处于起步阶段，且本书是我们首次编写有关生成式人工智能在学习中应用的书籍，难免出现疏漏，希望各位读者批评指正。

目录

第四章　在学习中应用生成式人工智能需要注意的问题

第五章　生成式人工智能学习应用的未来展望

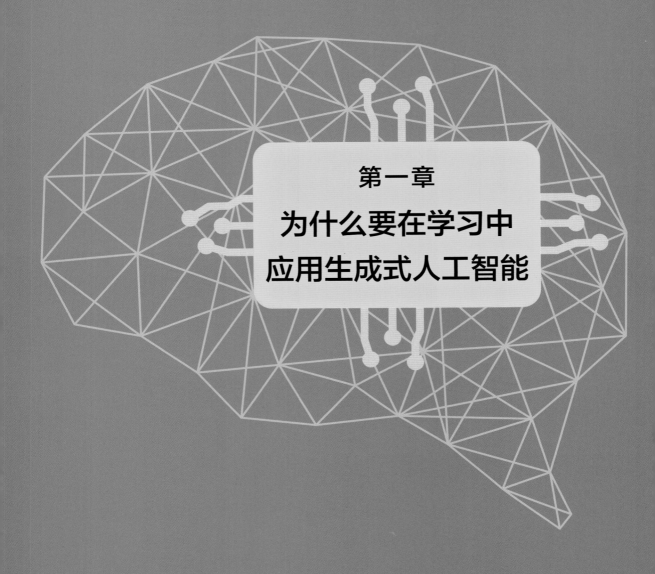

第一章

为什么要在学习中
应用生成式人工智能

生成式人工智能的出现，预示着我们将迎来一个新的人机交互时代。生成式人工智能到底会如何影响我们的生活和学习？为什么我们要在学习中使用生成式人工智能？本章将从生成式人工智能将给社会带来新影响、生成式人工智能将给学习带来新变化、生成式人工智能将给学习者带来新发展三个方面来回答这些问题。

国家语言资源监测与研究中心发布的 2023 年度"十大新词语"中，"生成式人工智能"居于首位，高度吸睛。生成式人工智能的浪潮得益于 ChatGPT 的出现。2022 年 11 月 30 日，美国著名人工智能公司 OpenAI 发布了 ChatGPT，标志着生成式人工智能技术发生了变革性突破，任何人都可以和这个全新的聊天机器人交谈。很快，大家发现 ChatGPT 与以前的聊天机器人都不一样，它会推理、会学习，甚至还有一些幽默感，可以生成多样化的语言文本，其语言能力甚至远远超出了不善言辞的人。人们意识到，新的时代到来了。继 ChatGPT 之后，很多公司也推出了类似的产品。那么生成式人工智能到底会如何影响我们的学习和生活呢？我们为什么要在学习中使用生成式人工智能呢？接下来，让我们一起走进这个充满无限可能的未来。

一、生成式人工智能将给社会带来新影响

（一）生产力迎来新的爆发

生成式人工智能的出现可以大大提升生产力，帮助人们在更短的时间里产出更多的产品，带来巨大的经济价值。科学家们估计，到 2060 年，有一半的工作都可以由自动化机器完成。国际知名会计师事务所德勤的研究表明，生成式人工智能所带来的影响可能会比智能手机和互联网还要大。到 2032 年，生成式人工智能的市场规模可能达到 2000 亿美元，所有行业都会从中受益！有趣的是，国际知名科技公司国际商业机器公司（IBM）的一些高管表示，他们被要求更快地采用生成式人工智能，因为它将成为未来的主流。

由此看来，如何更好地将生成式人工智能这样一类强大的科学技术应用到生产制造中以提高生产力，已经成为我们必须思考的问题。

（二）劳动分工新老更迭

想象一下，你是一名客服人员，每天需要回答大量来自客户的问题。然

而，随着生成式人工智能的使用，这些问题将不再需要你来回答。生成式人工智能将能够理解和回答客户的问题，甚至比人类更准确、更快速、更热情、更耐心。这将会改变客服人员的工作内容和方法，他们需要转向更高层次的工作，比如解决更复杂的问题或者提供更好的客户服务体验。美国研究者发现，生成式人工智能在 39% 的专业认证中获得了及格分数，甚至在某些考试中表现得比人类更好。会计师、兽医、航空检查员、房地产估价师、人力资源专业人士和财务规划师的考试也难不倒它们。这意味着未来一些重复性、程序性、标准化的工作将会由生成式人工智能帮助人类完成。但是，我们也必须明白，生成式人工智能并不会完全取代人类的工作，我们不需要对此产生焦虑，许多工作仍然需要人类的智慧和创造力，比如艺术、科学、文学和哲学等领域的工作。

同时，一些新的职业类型也会因生成式人工智能的发展而诞生。比如，人工智能训练师、数据科学家等职业将会出现。这些职业需要人们具备专业技能和知识，以帮助人工智能更好地学习与理解人类的语言和行为。

无论是"老的"职业被替代，还是"新的"职业发展，都需要我们持续不断地了解、学习和应用生成式人工智能，只有如此，才能跟得上社会和时代的快速发展。

（三）生活方式将彻底改变

随着生成式人工智能技术越来越成熟，未来 ChatGPT 这样的生成式人工智能会像我们现在使用的手机、互联网一样，成为我们生活中不可缺少的一部分。越来越多的研究报告指出，生成式人工智能将开启一个前所未有的时代，让人类展现出更多的潜力。这可能意味着我们以后会过上更有趣、更出其不意的生活！

例如，艺术家、设计师和创作者可以利用生成式人工智能提供的新工具和新功能来增强自身的创造力，创造出更加独特的作品。个人可以获得量身定制的内容和产品推荐，从而拥有更加个性化的体验，让生活更加丰富多彩。在医疗、物流等领域，专业人士可以借助生成式人工智能驱动的模拟做出更加明智的选择，提高工作效率和准确性。工作中人类与人工智能之间的协作将更加密切，人们能够更好地利用机器智能的优点，提高工作效率。

随着生成式人工智能技术不断发展，我们将会看到更多的创新和进步。这将改变我们的生活方式和工作方式，带来更多的机遇和挑战。让我们一起期待这个未来吧！

二、生成式人工智能将给学习带来新变化

（一）学习内容更加生动有趣

"这个学期我找到了一个学习搭子，他叫爱因斯坦，他太厉害了，很多我不知道的问题他都能回答上来！"来自芜湖市的一位小朋友高兴地介绍说。"黑洞是一个黑色的洞吗？""太阳会爆炸吗？""宇宙到底有多大？"在搭载了人工智能技术的奇思妙问课堂上，不管同学们提出的问题有多奇妙，"爱因斯坦"都能用生动形象的语言回答。小朋友们一下子对抽象的科学知识有了生活化的、具象化的理解，纷纷直呼太好玩、太神奇了！借助生成式人工智能的强大能力，学生们可以和"爱因斯坦"探究科学宇宙的奥秘，可以与"李白"一起吟诗作对，还可以与"鲁班"探索发明的乐趣，让学习更加生动有趣。有了生成式人工智能，学习可以是一趟奇妙的幻想之旅，可以是一场跨越时空的名家对话，还可以是一次丰富的视听体验，所有你好奇的、关心的问题都能找到答案。

（二）学习过程更加高效精准

联合国教科文组织 2023 年发布的期刊《信使》中提出，有研究发现，学生如在一年内进入在线课堂平台可汗学院学习 18 个小时，其成绩可以提高 30%—50%。可汗学院于 2023 年 3 月推出了人工智能导师——Khanmigo，以对话形式引导学生解决问题，为学生提供量身定制的学习支持，实现一对一的辅导，现在有约 1.1 万名师生在正规课堂环境中使用 Khanmigo。生成式人工

智能可以理解人类的语言，我们不需要学习计算机语言就能和机器对话。但与人类的大脑相比，生成式人工智能的"大脑"拥有更强大的计算能力、存储能力、文本和图像生成能力等，能更快速地处理大规模、重复性、有固定流程的任务，还能通过文本提示词生成语音、图片、视频等内容，极大地提高了学习效率。基于这些强大的功能，生成式人工智能可以作为我们的智能辅导老师或智能学伴，为我们提供实时的学习帮助、个性化的学习资源、问题解答、作业辅导等。

（三）学习方式更加多样自主

"以前只感觉孩子总是做不好数学大题，现在才知道原来是在这些知识点上出了问题。""孩子英语学习中遇到的难题、错题，看解析也不能完全搞懂，AI 老师这么一问一答就讲清楚了。"生成式人工智能的出现，可以在低成本、低门槛的情况下满足个性化、定制化的学习需求，突破课堂、教材和教师的限制，基于"苏格拉底对话式教学法"，通过共同谈话、探讨问题的问答形式传授知识，让学生按照自己的兴趣和能力水平进行自主学习，找到适合自己的学习方式，实现"人人皆学、处处能学、时时可学"。

三、生成式人工智能将给学习者带来新发展

（一）综合性思维能力得到培养和塑造

生成式人工智能已经能替代人类实现知识的获取和存储，那人类会就此被机器替代吗？目前来看，答案是否定的。因为人工智能只能听从人类的指挥，并不具备批判性思维能力、创造性思维能力、合作解决问题能力、跨学科思维能力等综合性思维能力，生成式人工智能的出现会进一步驱动这些思维能力的发展。北京师范大学刘儒德教授提出，批判性思维能力是指对所学内容的真实性、准确性、知识性质与价值进行个人的判断，从而对做什么和相信什么

做出合理判断。清华大学钱颖一教授认为，创造性思维是指新的思维、与众不同的思维，它是产生创造力的源泉。创造性思维能力可以帮助我们跳出既有的思维框架，发现和创造新的知识和问题解决方法，以应对新的挑战。经济合作与发展组织开展的国际学生评估项目将合作解决问题能力作为重要指标，认为它是指能有效参与多人共同解决问题过程的意识和能力，能够让我们更好地理解他人的观点和需求，充分发挥大家的长处，共同解决问题，实现共赢。跨学科思维能力是指将不同学科的知识与能力相关联，将知识与知识运用的情境相关联，整合不同学科知识的能力。我们需要超越传统学科的界限，思考不同学科领域之间的联系，找到解决问题的新途径和新思路。

（二）人工智能素养得到强化

2016 年，美国斯坦福大学的科学家提出未来依靠简单重复劳动的职业将会逐渐被智能机器所取代，综合复杂的工作需要具备人工智能素养的人与机器协作完成。随着生成式人工智能的出现与普及，联合国教科文组织也提出教师和学生应该提升人工智能能力，强化人工智能素养，包括关于人工智能的知识、技能和态度等。2023 年，北京师范大学发布的《青少年人工智能素养核心框架》强调了青少年人工智能素养应该包含青少年人工智能认知、青少年人工智能能力及青少年人工智能安全与伦理三个方面。身处人工智能技术快速发展的时代，我们要进一步加强对人工智能技术的认识和掌握，提升人工智能能力与素养。这是帮助我们更好学习、更加适应社会发展的关键所在。

（三）人机协同学习能力得到提升

随着科技的不断发展，大量的研究人员都在钻研如何利用人工智能技术帮助我们更好地学习。充分借助技术手段，协同开展学习，对于我们来说是至关重要的。生成式人工智能的使用，不只是将我们从繁重、机械的任务中解放出来，更需要我们作为"智能技术的掌舵人"，掌握人机协同共创的能力，正确处理好人与技术之间的关系，实现合理地使用人工智能。

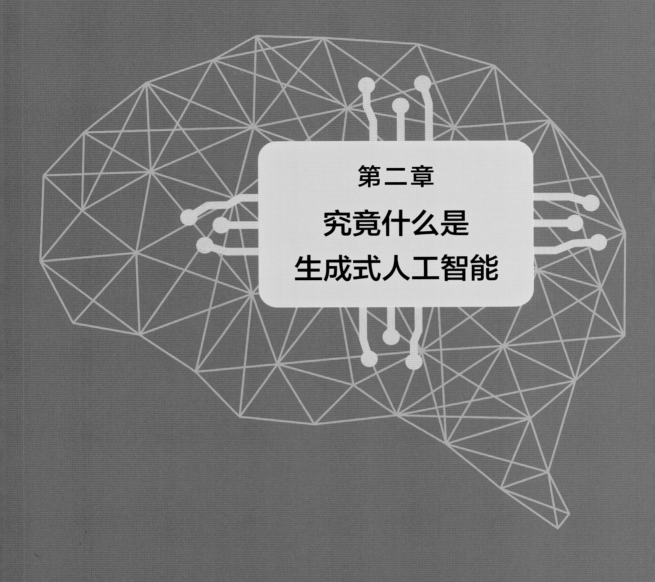

第二章

究竟什么是
生成式人工智能

生成式人工智能的横空出世对人们的生产生活产生了巨大的影响。作为一名学习者，我们如何认清生成式人工智能的本质，是在学习中用好它的前提。本章将从人工智能的发展历程、生成式人工智能的基础知识及其在生活中的典型应用等方面一探究竟。

在科技飞速发展的今天，人工智能已经成为我们生活中非常重要的一部分。在这个领域中，生成式人工智能作为一种新兴的技术，正在引起大家的关注。现在让我们一起回顾人工智能的发展历程，了解生成式人工智能的起源、特点和能力，以及它在我们生活中的一些应用，帮助你更好地理解这个有趣的技术。

一、生成式人工智能发展概述

（一）人工智能的发展沿革简述

就像蒸汽时代的蒸汽机、电气时代的发电机、信息时代的计算机和互联网一样，人工智能（Artificial Intelligence，AI）正在给各个产业带来力量，推动着人类进入一个更智能的时代。人工智能的发展就像一个奇妙的探险故事，下面就让我们一起来看看这个有趣的故事吧！

（1）AI 的诞生（20 世纪 40—50 年代）。故事开始于 1950 年，一个叫图灵（Alan Mathison Turing）（见图 2-1）的聪明人提出了一个有趣的测试，叫作图灵测试。这个测试的规则是：如果一台机器能够和人类聊天，而又不被发觉它是机器，那么这台机器就有了智能。就在同一年，美国工程师迪沃尔（George Devol）设计了一台了不起的机器人，它是世界上第一台可编程机器人！

图2-1 "人工智能之父"图灵

（2）AI 的黄金时代（20 世纪 50—70 年代）。在这个时期，有一位聪明的工程师研制出了一台移动机器人，名字叫 Shakey。它可以感知和分析周围环境，并决定自己的行动路线，就像我们日常生活中走路时一样。还有一个聊天机器人叫 ELIZA，它能理解我们说的话，并和我们互动，就像和朋友聊天一样。这个时期还有一个很重要的东西被发明出来，那就是计算机鼠标。这个鼠标的发明让我们更方便地使用计算机，它的基本功能就像我们现在用的电脑鼠标一样。

（3）AI 的低谷（20 世纪 70—80 年代）。可是，探险中也遇到了一些困难。20 世纪 70 年代初，人工智能的发展似乎遇到了瓶颈。当时计算机水平有限，不能解决任何实际的人工智能问题，也做不到让程序具备跟儿童一样的认知水平。所以，在一段时间内，人工智能没有取得明显的进展。

（4）AI 的繁荣期（1980—1987 年）。1980 年后，我们进入了人工智能发展的繁荣时期。在这个时期，日本科学家研发了一台很厉害的人工智能计算机，一个叫"大百科全书"（Cyc）的项目被启动，其目标是让计算机能够像人一样思考。1986 年，发明家赫尔（Charles Hull）制造了世界上第一台3D 打印机，这也是一个了不起的发明！

（5）AI 的冬天（1987—1993 年）。20 世纪 80 年代晚期，人工智能经历了一段低谷。作为人工智能发展中的重要代表，专家系统具有很多专家级别的知识和经验，可以帮助我们解决问题。然而，在这个时期，专家系统的实用性不强，一些人就认为人工智能不会是"下一个浪潮"。但是，这并没有让我们停下脚步，因为探险就是这样，有时候会遇到一些挑战。

（6）AI 真正的春天（1993 年至今）。最后，我们迎来了人工智能真正的春天。1997 年，IBM 的计算机"深蓝"战胜了国际象棋世界冠军，这让我们更相信人工智能的未来。2011 年，IBM 一个叫 Watson 的人工智能程序参加了一个智力问答节目，竟然赢得了比赛！2016 年，谷歌（Google）公司开发的人工智能机器人"阿尔法围棋"战胜了围棋世界冠军李世石，这真是一个惊人的时刻！

现在，人工智能正变得越来越聪明、越来越厉害，它帮助我们解决问题，也让我们的生活变得更有趣。未来，我们可以期待更多有趣的冒险和发现，因为人工智能将继续引领我们进入更加智能的未来！

人工智能到现在为止还没有一个权威的定义。1956年，人工智能作为一门科学学科诞生，其初衷是探究人类智慧的机理。人工智能是一门科学，而当前展现在人们面前的更多的是一类技术。相较于"人工智能"，更好理解的是"人类智能"和"机器智能"。可以说人工智能探索的是人类智能的奥秘，研究的是人类智能的机理。而现在我们能实现的还仅仅是对人类智能的模仿。尽管如此，人工智能也为我们的生活带来了巨大改变，广为人知的如无人驾驶汽车，机器人，人脸识别、语音识别等各种智能软件。人工智能一方面作为科学理论基础研究，探索人类大脑智慧的秘密；另一方面作为应用技术研究，让机器能够实现人类的一些智能能力，并将这些能力融入人类生产生活，改善人们的生活，促进人类文明的进步。

（二）生成式人工智能的出现

生成式人工智能是人工智能的一个重要分支，它就像是一个会做智能任务的小助手。人工智能可以应用在很多领域，比如数据分析、人脸识别、自动驾驶、语音识别与合成等。现在，人工智能已经融入人类生活的方方面面，在各种场景中为人们提供了强大的帮助。而生成式人工智能在这个基础上更进一步，它可以更自然地和我们聊天，还能更快地进行创作。通过利用现有的人工智能技术，生成式人工智能可以完成更多任务，这种技术的发展不仅让人工智能变得更厉害，还给各行各业带来了更多可能性。下面我们来看看生成式人工智能的成长历程。

1966年诞生的ELIZA程序能模仿心理医生和人们聊天，它代表了我们从文本分析开始探索，创造模拟人类智能的机器。1976年开发的MYCIN系统能像医生一样利用医学知识对患者的病情进行诊断，它代表了我们对基于规则的系统和知识库的研究。到了20世纪80—90年代，生成式人工智能逐渐学会用隐马尔可夫模型[1]和最大熵模型[2]来生成语言和图片，自然语言理解[3]开始出现，让机器能够理解和生成人类语言。进入 21 世纪，机器学习的兴起和大量数字数据的出现，让机器学习算法特别是人工神经网络[4]获得了很好的发展，它们可以让机器更好地处理和文本、语言相关的任务，特别是生成对抗网络[5]的出现，使得机器能够生成越来越逼真的图像、音频和文本。此后，随着深度学习和海量数据的出现，人工智能模型越来越能够理解和生成人类语言。

　　2020 年，世界见证了 GPT 3（Generative Pre-trained Transformer 3）的出现，它在大量文本数据上进行了预训练，可以生成高度连贯且上下文相关的文本，这是生成式人工智能代表性的突破。GPT 的探索仍在继续，GPT 3.5 及家喻户晓的 ChatGPT 也被推出。2023 年，在大数据、大算力的有效支撑下，除了生成文本的大模型外，生成图片的大模型、生成代码的大模型、生成音频的大模型、生成视频的大模型等方面的探索也越来越多，出现了"百模大战"。

1　隐马尔可夫模型（Hidden Markov Model）作为一种统计分析模型，创立于 20 世纪 70 年代，80 年代得到传播和发展，成为信号处理的一个重要方向，现已被成功用于语音识别、行为识别、文字识别及故障诊断等领域。

2　最大熵模型（Maximum Entropy Model）是典型的分类算法，是基于最大熵原理的统计模型，被广泛应用于模式识别和统计评估中。

3　自然语言理解（Natural Language Understanding）是指计算机对自然语言文本进行分析处理，从而理解该文本的过程、技术和方法。

4　人工神经网络（Artificial Neural Network），简称神经网络或类神经网络，是机器学习的子集，同时也是深度学习算法的核心。它是一种模仿生物神经网络结构和功能的数学模型或计算模型，用于对函数进行估计或近似。人工神经网络由节点层组成，包含一个输入层、一个或多个隐藏层和一个输出层。每个节点也被称为一个人工神经元，它们连接到另一个节点，具有相关的权重和阈值。任何单个节点的输出高于指定的阈值，就会激活该节点，并将数据发送到网络的下一层。否则，不会将数据传递到网络的下一层。

5　生成对抗网络（Generative Adversarial Networks）是一种无监督深度学习模型，用来通过计算机生成数据，于 2014 年被提出。模型通过框架中（至少）两个模块：生成模型（Generative Model）和判别模型（Discriminative Model）的互相博弈学习产生相当好的输出。生成对抗网络被认为是当前最具前景、最具活跃度的模型之一，目前主要应用于样本数据生成、图像生成、图像修复、图像转换、文本生成等方向。

　　机器学习是一门多学科交叉专业，涵盖概率论知识、统计学知识、近似理论知识和复杂算法知识，使用计算机作为工具并致力于真实、实时地模拟人类学习方式，并将现有内容进行知识结构划分，能有效提高学习效率。

　　机器学习算法是可以从数据中学习隐藏模式、预测输出并根据自身经验提高性能的程序。机器学习可以针对不同的任务使用不同的算法，机器学习算法大致可以分为三类：监督学习算法、无监督学习算法和强化学习算法。

　　深度学习是机器学习的一个分支领域，强调从一系列连续的表示层中学习。深度学习模型通常包含数十个甚至上百个连续的表示层，它们都从训练数据中自动学习而来。

二、生成式人工智能的基础知识

（一）生成式人工智能的定义

1. 定义：什么是生成式人工智能

　　联合国教科文组织在《生成式人工智能教育与研究应用指南》中指出，生成式人工智能是一种根据自然语言对话提示词自动生成响应内容的人工智能技术。中国国家互联网信息办公室在《生成式人工智能服务管理暂行办法》中将生成式人工智能定义为：具有文本、图片、音频、视频等内容生成能力的模型及相关技术。

　　可见，生成式人工智能是根据我们的提问自动生成响应内容的人工智能技术的统称，包括具有内容生成能力的模型和相关技术。生成式人工智能不仅可以为我们生成具有创意的文本，还能够输出图片、音频甚至视频等，具有强大能力！

2. 典型代表：聪明的大模型

生成式人工智能比传统人工智能更"聪明"，那么哪些常见的人工智能技术属于生成式人工智能范畴呢？当前，不断更迭的智能技术正加速着教育的数字转型和智能升级，尤其是以 GPT 4、文心一言、星火大模型、通义千问等为代表的大模型技术具备了通用人工智能（Artificial General Intelligence，AGI）的特征，正推动着互联网资源生产方式向人工智能生成内容（AI Generated Content，AIGC）范式转变。

那么，怎么理解生成式人工智能和大模型呢？

如果将生成式人工智能比喻为一个厨师，那么各类大模型就是他的菜谱。这些菜谱种类繁多，功能强大，可以帮助厨师更好地完成烹饪任务。由于生成式人工智能所需的数据量远高于传统人工智能，因此训练出来的通用模型被称为"根基模型"（Foundation Model）。这种大模型能够提供更多的学习和创造能力，使生成式人工智能能够理解和创建出更多样化的复杂内容。

通用人工智能是能够处理更加广泛和复杂的任务，并且可以向某个方向特化的人工智能。

大模型是指包含超大规模参数（通常在 10 亿个以上）的神经网络模型。

多模态是指文本、图像、视频、音频之间相互转换。

大模型又有哪些典型代表呢？有些大模型针对自然语言任务进行处理并生成新的文本，有些大模型针对用户的描述生成一幅图片或一个视频，而有些大模型可以同时处理多种类型的数据，如图像、视频、音频和文本等。由此，我们将大模型粗略地分为具备文本处理能力、视觉处理能力和多模态数据处理能力的大模型（见表 2–1）。

表 2-1　典型大模型

大模型类别	代表厂商及其大模型
具备文本处理能力的大模型	OpenAI 的 GPT4、微软的 Turing、华为的盘古、百度的文心一言、科大讯飞的星火大模型、阿里的通义千问、百川智能的百川大模型等
具备视觉处理能力的大模型	谷歌的 Gemini、美图的 MiracleVision 视觉大模型、Open AI 的 Sora、中国科学院的空天·灵眸等
具备多模态数据处理能力的大模型	OpenAI 的 GPT 4、谷歌的 Gemini、百度的文心一言、科大讯飞的星火大模型、西湖心辰的西湖大模型等

3. 技术框架：一座创意生产工厂

在生成式人工智能的发展过程中，技术框架内各要素协同发展和融合创新，是生成式人工智能产业生态链健康发展的关键。生成式人工智能技术框架由基础层、模型层、能力层和应用层等部分组成，如图 2-2 所示。

图2-2　生成式人工智能技术框架

这个技术框架就好比一座"创意工厂"：

基础层是工厂的基础，它为整个生成式人工智能系统提供必要的数据和算力支撑。这包括用于训练和优化模型的大量数据，以及进行复杂计算的高性能计算平台。基础层确保工厂能够顺利运行，并拥有处理大规模任务的能力。

模型层是工厂的核心，由具备文本处理能力的大模型、具备视觉处理能力的大模型和具备多模态数据处理能力的大模型等构成，负责研发和优化人工智能的核心技术，通过不断地研究和创新，提高语言理解、信息抽取、图像检测和因果推断等任务处理的性能及效率，从而推动工厂的发展。

能力层是工厂的能力和工具，为实现人工智能的应用提供各种功能和支持。这些能力和工具可以用于图像识别、自然语言处理、语音识别等各种任务。能力层的存在使得工厂能够更好地满足不同领域的需求。

应用层是工厂的产品输出部分，根据用户在特定场景下的特定需求输出内容，包括知识问答、摘要生成、文稿撰写和情感分析等功能或服务。

生成式人工智能技术框架的各个部分在这座"创意工厂"中各司其职，共同推动生成式人工智能技术的发展和应用。

（二）生成式人工智能的神奇之处

生成式人工智能就像一个聪明的小助手，用深度学习和神经网络来帮助我们解决问题。这个小助手可以通过模仿生成跟已经存在的事物相似的事物，也可以按照已经存在的事物的规律来生成新事物。让我们一起来看看它的神奇之处。

1. 无监督学习

生成式人工智能大多数采用无监督学习技术，就像一个自学成才的学生。它不需要别人告诉它要学习什么，而是自己从数据中学习模式和结构。这样，它就可以生成新的数据，而不需要依赖具体的示例来指导它的生成过程。

2. 内容生成

生成式人工智能就像一个超级模仿家，它可以学习数据中的模式和风格，然后创造出新的内容，这些内容可以是文字、图片、音乐等各种形式。就像一个会创作诗歌和画画的好朋友一样，生成式人工智能可以协助我们创造出很多有趣的东西。

3. 自适应优化

生成式人工智能可以根据我们给它的反馈信息，调整模型参数，进行自我修正，变得越来越"聪明"和"能干"。这种自我优化能让生成式人工智能在各种情况下，更好地适应不断变化的需求，从而表现得更加稳定。

（三）生成式人工智能能做什么

正如之前的章节所说，生成式人工智能是一种很厉害的人工智能，它可以理解文本、图像、视频和音频等不同格式的内容，还能给视频添加文字描述，或者根据语义、语境生成图片。目前，国内大部分生成式人工智能还只能生成单一格式的内容，比如只生成文本、只生成图像、只生成视频或只生成音频。其中，文本生成和图像生成方面的技术最为成熟。在文本生成方面，它可以完成多风格、多任务的长文本生成、文档制作、语言理解、知识问答、逻辑推理、数学解析和代码生成等任务。而在图像生成方面，它可以完成图文理解、文图生成等任务。它的主要功能详见表 2-2。

表 2-2　生成式人工智能能做什么

主要功能	说明
文本生成	可以学习大量文本，并根据上下文和任务需求生成不同风格、结构和主题的文本内容；它还可以生成个性化的文本，根据用户特征生成流畅、连贯、有意义的内容，并不断优化文本质量，如文本创作、对话问答
代码生成	可以理解、解析和生成计算机程序代码，可以智能地提供单行或函数级的代码建议，还可以根据注释和函数名自动生成代码，如果人工编写的代码有拼写、语法或逻辑错误，它还能帮助审查并修改
图像生成	可以根据给定的条件生成或随机生成逼真的图像，如由简笔画生成风景画
音频生成	可以通过"语音克隆"（即捕捉并复制某个人的独特嗓音特征）或文本生成特定的音频，还可以自主生成音乐，如创作电影配乐
视频生成	可以完成视频编辑、视频自动剪辑和视频部分编辑，将大量的图片、音频和文字素材转换成有趣且符合用户需求的视频内容，如节日祝福视频制作、广告制作
多模态生成	可以完成文字生成图像、文字生成视频、图像生成文本、视频生成文本，如根据用户描述生成一张符合预期的图片
虚拟人生成	可以理解用户需求，并根据用户描述来生成一个虚拟角色，它还具备语音合成能力，可以实现与用户的互动交流
3D 模型生成	可以根据用户用描述性语言输入的信息，选择和组合素材来生成 3D 模型

三、生成式人工智能在生活中的应用

近些年，随着人工智能技术的发展，我们生活中的很多地方都出现了人工智能的"身影"，比如各种先进的机器人、自动驾驶汽车等。随着生成式人工智能的出现，越来越多更加"聪明"的人工智能出现在我们身边。下面就让我们看看生成式人工智能在"衣食住行医玩学"中的身影。

（一）衣：你的AI试衣间

为了更好地服务消费者，提升用户体验，一些线上购物平台开始应用生成式人工智能来改善在线购物的用户体验，推出"AI试衣间"。在"AI试衣间"，用户可以通过上传本人照片、选择身材，生成自己的 AI 数字人。这不仅能让用户在屏幕上看到自己穿着不同服装的效果，而且能够根据用户身形、肤色等个性化信息，提供更加真实和适合的试穿效果。系统还会根据用户的个人喜好进行搭配推荐，服装配饰均来自购物平台，消费者可直接点击购买。

生成式人工智能的这种应用满足了消费者试穿的需求，同时提供了更精准的购物决策支持。通过这种方式，生成式人工智能改善了购物体验，提升了用户的满意度和购物效率。

（二）食：更懂你的营养大师

想必大家都遇到过"饮食盲区"，比如吃什么对胃好？生病了应该吃什么，不该吃什么？吃什么有助于发育或健康？这样的问题总是层出不穷，而我们身边却少有专门的医生或营养师能给予专业的膳食指导。

生成式人工智能能够根据用户的饮食偏好、健康状况及其他输入的信息（如饮食目标、不喜欢的食材或过敏原等），创造出个性化、营养均衡的食谱，变身为"AI 营养师"。生成式人工智能在这一应用中的关键优势在于其能够综合考虑用户的多重因素，使得生成的膳食建议不仅适合用户的个人口味和习惯，而且能确保营养的均衡和健康目标的实现。同时，它能够根据用户生活方式、健康状况及其他相关数据的变化，实时调整营养规划。这种灵活性和适应性，使得用户能够在满足口腹之欲的同时保持营养均衡，拥有更加健康的生活。

（三）住：AI的建筑世界

在同济大学建筑与城市规划学院国际化研究生课程"AI 技术下的儿童友好空间建筑策划与设计"中，学生们学习建筑学领域的 AI 技术相关案例和理论知识，并运用到儿童友好性空间的设计与策划中。例如，部分学生充分利用了生成式人工智能，特别是在灵感图片生成和问题提出方面，从而帮助设计团队更好地理解儿童需求，并为他们创造更好的环境。

建筑设计师巴蒂亚（Manas Bhatia）的"AI 未来城市"（AI × Future Cities）系列图像（见图 2-3）探索了在全球城市化快速增长之后可持续基础设施潜在发展的可能性。在人工智能的帮助下，建筑师和设计师想象了一个未来可持续发展的乌托邦城市，高耸的摩天大楼被藻类立面包围。绿色建筑被想象成未来的亲生物空气净化塔，通过减少碳排放和使用人工冷却技术，为现代社会和基础设施提供了许多好处。

图2-3　AI未来城市图像
图片来源：专筑网。

（四）行：让自动驾驶成为可能

生成式人工智能的出现也为智慧交通赋能。生成式人工智能在智能交通管理和优化方面的应用展现了其处理和分析海量数据的强大能力。通过分析各种数据源，包括历史交通数据、天气情况、道路施工信息及其他可能影响交通流量的因素，生成式人工智能可以准确预测未来一段时间内的交通拥堵情况。这种预测不仅基于静态的数据分析，而且能够考虑到动态变化，如突发事件、季节性变化等。对于驾驶员而言，这种生成式人工智能系统能够提供最优的行驶路线建议，帮助他们避开拥堵区域，节省时间。这不仅可以提高个人出行的便利性，而且有助于缓解交通拥堵。

如今，自动驾驶技术已经不再是新鲜事。有了生成式人工智能，自动驾驶技术也将逐步成熟，加速融入我们的生活。它的核心在于生成式人工智能赋予汽车感知、推理、学习和解决问题的认知功能，这些功能是汽车实现自主驾驶和提高行驶安全性的关键。生成式人工智能的一个显著特点是其能够生成逼真和自然的驾驶环境模拟。例如，长安汽车自动驾驶智能安全测试验证系统，从感知安全和决策安全角度出发，验证自动驾驶的感知鲁棒性和在自然对抗场景下的应急处置能力，全面测试自动驾驶安全技术。它运用对抗强化学习等技术，搭建了一套自然对抗仿真场景生成框架，可生成包含高速、城区、上下匝道等特殊场景下的自然对抗仿真驾驶场景，相较于自然数据集，对抗效率平均提升 100 万倍以上，并集成云仿真平台，高效测试自动驾驶轨控算法在对抗场景下的应变能力，降低算法在真实世界中的事故发生率。

（五）医：私人健康助手

生成式人工智能根据用户的健康状况、生活习惯和遗传信息等因素，为用户提供个性化的健康建议和服务。如夸克健康助手运用生成式人工智能技术提供医疗信息检索服务，用户可通过向健康助手提供身体症状、自诊预判等特征性描述，进行多轮人机交互后得到进一步的医疗信息和健康建议。同时，生成式人工智能也能够根据用户反馈进行调整，如通过知识增强循证检索提升回答质量，其准确性、相关性、逻辑性可全面超越医疗信息普通搜索。

（六）玩：不一样的娱乐方式

生成式人工智能技术在影视行业也激起了不小的浪花。因突出的内容生成技术，生成式人工智能可以辅助创作者生成新的故事、角色和情节，创作者只需输入一系列关键词供模型识别参数并拟定剧本的核心要素，或提供更为精细的语料素材供其加工，生成式人工智能便能自动生成完整的剧本，有的甚至能直接制作成熟的视频片段。生成式模型有着卓越的编程加速能力，能够快速生成逼真的特效、虚拟场景和人物角色，并能根据需求"不厌其烦"地进行灵活调整和修改，极大地提高了影视制作的效率和质量。

（七）学：你的智能学习好伙伴

学习作为学生最重要的事情，也正在受到生成式人工智能的创新影响。如在个性化学习和辅导方面，生成式人工智能能够根据学生的个体差异，量身打造学习材料，提供实时智能辅导，确保每个人都能在适合自己的环境中高效学习。生成式人工智能还能自动评估学生的作业和测试，为学生提供及时的反馈，帮助学生更好地了解自己的学习情况并调整学习方法。在语言学习方面，生成式人工智能通过生成对话、写作练习等方式，帮助学生提高语言技能。

此外，生成式人工智能还在艺术创作、科研和心理辅导等领域发挥着重要作用。例如，它能够激发学生的创造力和想象力，改变艺术创作方式；作为科研助手，提高科研效率；与学生进行实时对话，提供心理支持和建议。

这些应用不仅为我们带来了前所未有的便利，使学习变得更加高效有趣，也展示了生成式人工智能的无限潜力和广阔前景。想知道生成式人工智能究竟能在哪些学习场景中发挥作用，以及如何发挥作用，请让我们继续往下一探究竟吧！

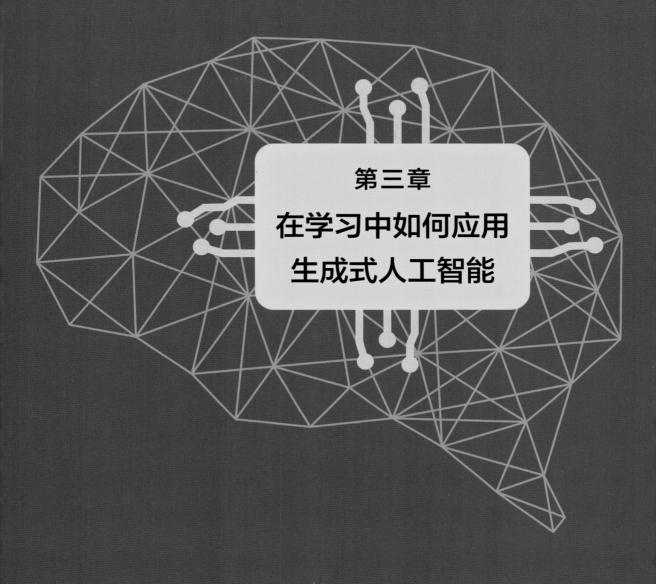

第三章

在学习中如何应用
生成式人工智能

　　生成式人工智能能否在我们的学习中发挥积极作用，关键在于我们能不能掌握正确使用生成式人工智能的方法。那么，我们在学习中到底应该如何使用生成式人工智能呢？本章将从生成式人工智能在语言学习、文本写作、艺术创作、编程设计、知识学伴、计划制定、心理健康辅导等多个场景的应用入手，全面展现其在学习中的强大功能。

　　在学习的旅途中，我们常常遇到各种问题，比如写作文无从下手、学英语不愿开口、办小报缺乏灵感、做作业得不到指导、交不到朋友无处倾诉……。我们总是希望有一个人能够像教师一样知识渊博，像同学一样和我们互助成长，像朋友一样关怀体贴，时时刻刻陪伴在我们身边，帮助我们攻破一个又一个成长难关。生成式人工智能的出现，让梦想照进现实。它能够在语言学习、文本写作、艺术创作、编程设计、知识学伴、计划制定、心理健康辅导等多个应用场景中帮助我们学习和成长。现在，就让我们一起来了解在学习中如何应用生成式人工智能吧！

一、典型应用一：语言学习

（一）应用背景

　　在学习英语的过程中，你是否常常遇到这些难题：想学英语却找不到一个能够随时随地交流又能不厌其烦给你纠错的教师；因为害怕出错而不好意思开口；因为背诵单词太过枯燥而放弃学习英语；等等。有了生成式人工智能语言学伴，这些难题将被一一攻破。它提供一种便捷、有趣、互动、实时、高效的学习方式，让你能够根据自己的兴趣和需求开展多种语言的自主学习，让听、说、读、写变得更容易！

（二）工具说明

　　生成式人工智能语言学伴是利用生成式人工智能技术辅助语言学习的智能工具，具有情景模拟、人机对话、语法检查、作文优化等多种功能。它不仅能够通过人机交互的方式激发你的语言学习兴趣，还能够帮助你提升听、说、读、写等多个方面的语言能力。

（三）使用目的

1. 激发语言学习兴趣，提升学习自信心。
2. 提升听、说、读、写等方面的语言能力。
3. 辅助开展中文、英语等多种语言的自主学习。
4. 拓展语言学习边界，帮助形成国际视野。

（四）使用建议

1. 建议在教师或家长的监督或指导下使用。
2. 生成式人工智能可以模拟真实情境，但无法取代真实的人际交往，请你务必回归现实世界加以实践。

（五）应用实例

典型案例1：英语听说能力培养

当你想提升英语听说能力但又缺少专业外教指导时，你可以随时随地与生成式人工智能语言学伴进行互动交流，不断提升英语听说能力。

选择你需要的学习主题：通常，生成式人工智能语言学伴会提供丰富多样的英语口语学习主题（见图3-1），包括学习与生活、兴趣爱好、运动健康、风俗习惯、科学技术等若干主题，你可以根据实际需求选择合适的主题开展口语练习。比如你想模拟在餐厅点菜的场景中进行英语口语练习，你可以选择"在餐厅点菜"。

"真实"场景中的英语对话：你可以在餐厅点菜的虚拟场景中扮演顾客或者服务员等不同角色，与生成式人工智能语言学伴展开对话（见图3-2）。只要你勇于开口、敢于提问，生成式人工智能语言学伴便会不厌其烦地回答你的问题。建议你大胆将课堂中学到的词汇、短语、表达方式都用起来，不用担心自己的语音语调。生成式人工智能语言学伴能听懂多种口音，还能通过对话帮助你改进英语发音。

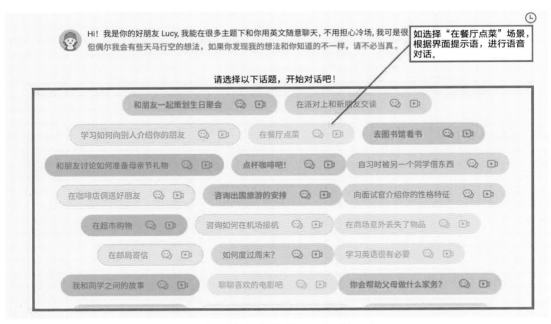

图3-1　生成式人工智能语言学伴提供丰富的英语口语学习主题

图3-2　通过角色扮演开展英语口语对话练习

向英语辅导"老师"求助：遇到任何语言上的问题，你都可以随时向生成式人工智能语言学伴请教，让它帮助你优化口语表达。生成式人工智能语言学伴具有发音、语法检查功能（见图3-3）。你可以在对话过程中随时查看这些

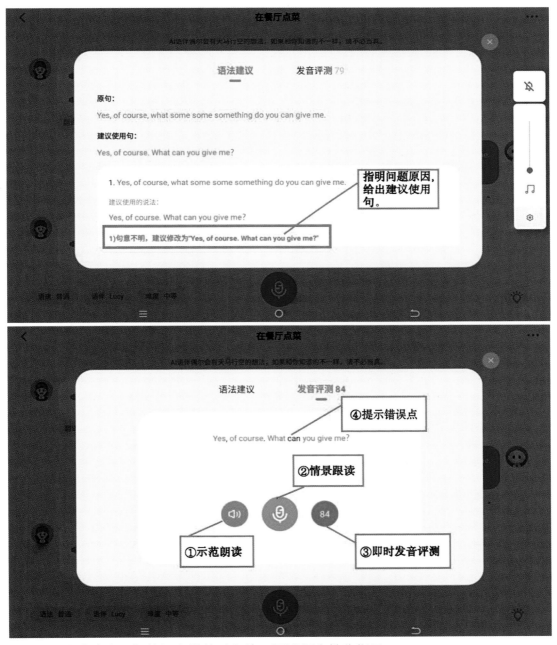

图3-3　生成式人工智能语言学伴对你的口语进行个性化指导

信息，找到自己英语口语中的问题，并根据生成式人工智能语言学伴提供的学习建议和正确示例不断优化自身的口语表达。

获得专属的英语测评报告："真实"场景对话结束后，生成式人工智能语言学伴会自动生成本次英语口语练习测评报告（见图3-4），包括对话时长、开口次数、发音情况、词汇使用情况、语法表达情况等。建议你根据学习反馈报告进一步查漏补缺，并再次进入餐厅点菜场景进行巩固练习。生成式人工智能语言学伴会耐心地陪着你开展无数次口语练习，只要你不喊停，它就不会停止。

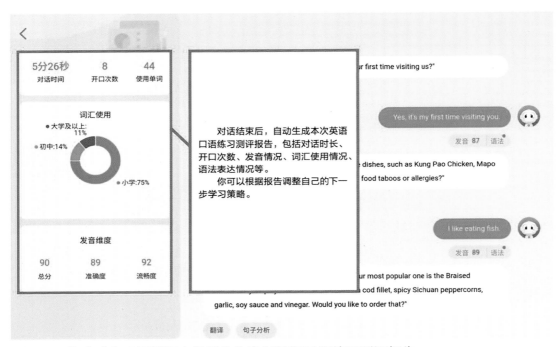

图3-4　生成式人工智能语言学伴为你定制英语口语练习测评报告

典型案例2：英语写作能力培养

当你写完英语作文但又不知道如何改进时，你可以使用生成式人工智能语言学伴获得一对一的写作辅导。

英语"专家"提供一对一指导：将已经写好的英语作文通过拍照的方式上传。生成式人工智能语言学伴会自动识别作文内容，并从拼写错误、词汇用法、句型结构三个方面提供修改建议（见图3-5）。你可以根据这些建议对英语作文进行修改，仔细分析错误原因，并有针对性地巩固相关知识。

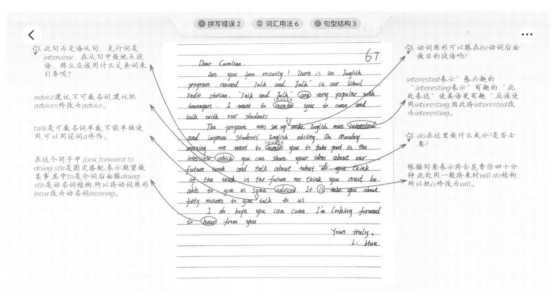

图3-5　生成式人工智能语言学伴为你提供一对一英语作文指导

不厌其烦地帮你提意见：你可以将修改后的英语作文重新上传，再次让生成式人工智能语言学伴帮助你优化作文，直到你满意为止。

英语学习并非一蹴而就，需要长年累月的学习与练习。有了生成式人工智能语言学伴，你就可以随时随地进行听、说、读、写的练习。经过不懈努力，相信你的英语水平一定会突飞猛进！

二、典型应用二：文本写作

（一）应用背景

在写作文时，你是否总是感到无从下手，总是找不到合适的素材，总是词不达意？如果你想提高自己的写作能力，不妨试试生成式人工智能文本写作助手，让它在构思立意、收集素材、遣词造句上助你一臂之力，帮你快速提升写作水平。

（二）工具说明

生成式人工智能文本写作助手是基于生成式人工智能技术开发的文本写作工具，具有写作方法指导、素材建议与收集、词汇选择与优化、语法检查与修正等多种功能。它不仅能够帮助你提高文本写作效率、优化文本写作质量，还能够启发文本创作思维，提升文本写作能力。

（三）使用目的

1. 激发文本创作兴趣，提升文本写作效率。
2. 提升多种语言的文本写作能力，包括从写什么、如何写到如何写好的全过程。
3. 拓展文化视野，培养文本创作思维、语言运用能力。

（四）使用建议

1. 建议在教师或家长的监督或指导下使用。
2. 生成式人工智能可以提供文本创作灵感、辅助文本写作，但无法取代个人思考和创作表达，请你注重在日常生活中体验和感悟。

（五）应用实例

典型案例1：作文创作

如果你在写作文时缺少选题方向或缺少创作素材，你可以使用生成式人工智能文本写作助手获得一对一的作文写作指导。

和AI一起确定主题和框架：假设你需要撰写一篇以"我的偶像"为主题的记叙文，请你先根据主题进行构思，初步确定写作思路和框架。然后你可以向生成式人工智能文本写作助手求助，看看它会采用什么思路撰写这篇作文。通过比较，进一步优化你的写作框架。你可以将本次作文的具体要求告诉它，它会立即给出写作思路的参考意见（见图3-6）。在充分吸纳生成式人工智能文本写作助手意见的基础上，你可以将作文确定为"总—分—总"的写作框架：首先，介绍你的偶像是谁，对你产生了哪些影响；其次，整体描述你的偶像及他身上的典型特征，并举 1—2 个事例详细介绍他的特征；最后，总结你从偶像身上学到了什么，自己以后应该怎么做。当然，你也可以让生成式人工智能文本写作助手推荐更多不同的写作框架，或者自己设计出更新颖的写作框架。

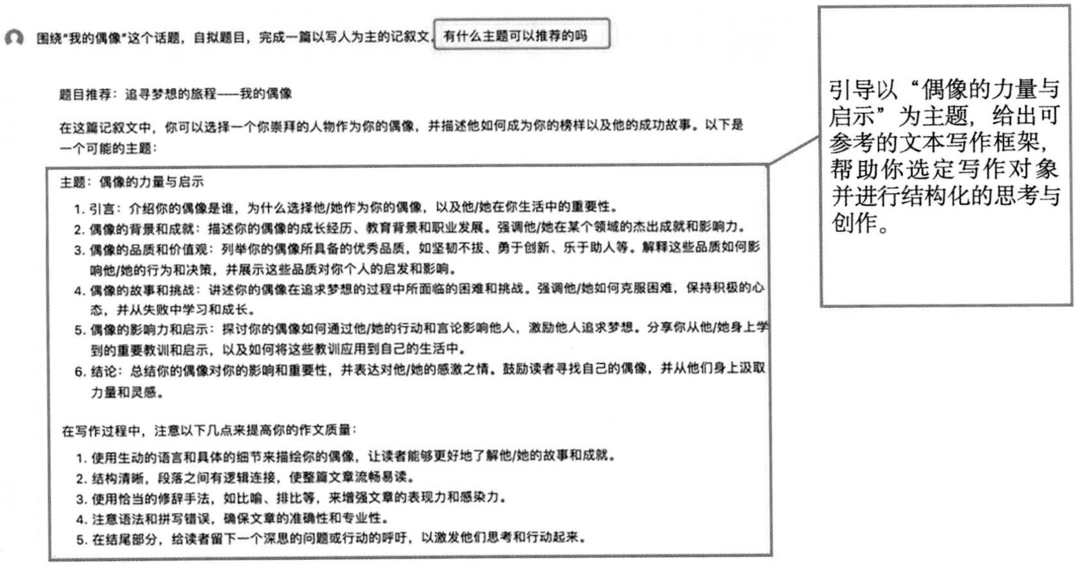

图3-6　和AI一起确定主题和框架

　　AI 帮你收集整理素材：作文主题和写作框架确定后，需用相关素材充实作文内容。如果你选择鲁迅作为偶像，但是对他的事迹了解得并不全面，这时，你可以求助生成式人工智能文本写作助手，让它帮你快速收集有关鲁迅的资料（见图 3-7）。你提出的要求越详细，它提供的资料就越有针对性。当然，写作素材更需要你在日常生活中留心观察和逐步积累。

　　获得定制的作文修改意见：当你完成作文初稿后，想将作文修改得更好，可以进一步求助生成式人工智能文本写作助手。它会提供定制化的详细修改意见（见图 3-8）。当然，这些意见仅供参考，你需要批判性地看待这些意见。

典型案例2：探究性学习

　　在开展探究性学习的过程中，你是否被论文难收集、资料难整理、观点难提炼、结论难形成等难题困扰？生成式人工智能文本写作助手能够手把手帮助你开展探究性学习，提升自主探究能力、问题解决能力和创新思维能力。

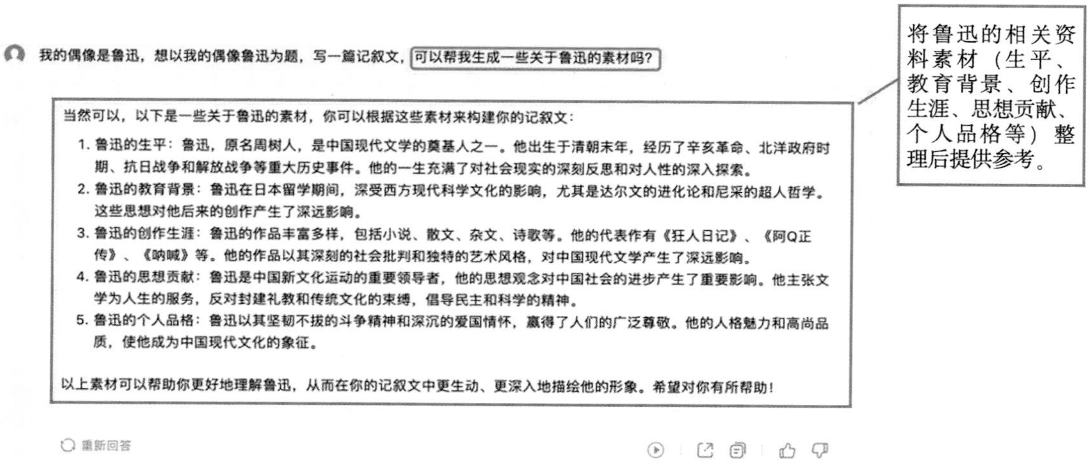

图3-7　AI帮你收集整理素材

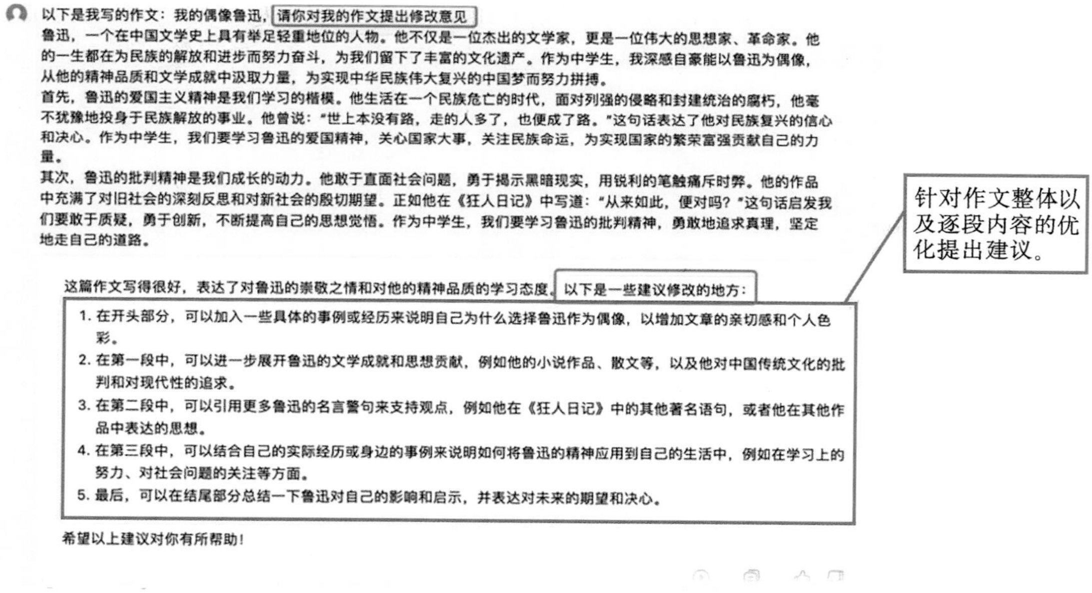

图3-8　获得定制的作文修改意见

AI帮助你快速掌握论文核心内容：建议你根据探究性学习主题收集相关论文，并尝试自主阅读、提炼论文观点。遇到难以理解的论文，再来向生成式人工智能文本写作助手求助。将你收集到的论文上传到生成式人工智能文本写作助手。它会从摘要、方法、结论三个层面对论文进行剖析（见图3-9），帮助你快速理解论文的核心内容。

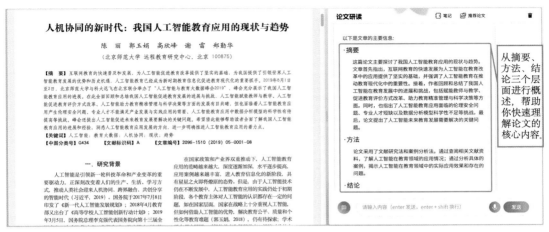

图3-9　AI帮助你快速掌握论文核心内容

与 AI 一起深度剖析论文：为了更好地理解论文的写作思路和观点，建议你通过提问的方式与生成式人工智能文本写作助手进行交流研讨，并对生成式人工智能文本写作助手生成的答案进行批判性采纳（见图 3-10）。建议你多阅读论文原文，将自己的理解与生成式人工智能文本写作助手生成的答案进行对比，查看自己对哪些内容还没有理解透彻。

AI 精准推荐相关学习内容：在完成本篇论文的学习后，生成式人工智能文本写作助手会智能推荐相关论文（见图 3-11）。你可以根据需要开展进一步的自主探究学习，加深对本主题的学习和理解，养成独立思考、主动学习的好习惯。

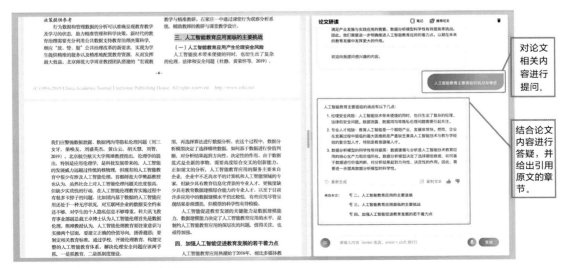

图3-10　与AI一起深度剖析论文

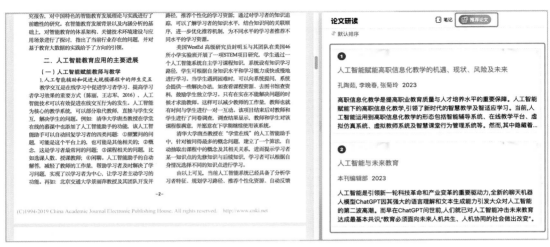

图3-11　AI精准推荐相关学习内容

生成式人工智能文本写作助手能够辅助各种主题、体裁、语言的文本写作，还能引导你深度剖析论文内容，开展探究性学习。但是它并不能替代你的主动思考和独特创作。写作能力的提升，更需要你在日常生活和学习中开展广泛阅读，积累好词、好句，善于观察、思考并勤于动笔。探究能力的培养，更需要你时刻保持好奇心，善于发现问题、分析问题和解决问题。

三、典型应用三：艺术创作

（一）应用背景

每次学校举办艺术节，你是不是总是伤透脑筋？抑或是在你灵感爆发之时，却找不到合适的艺术表达方式？不妨试试生成式人工智能艺术创作助手，让它帮助你激活艺术细胞、点燃创作激情，让你成为一个懂得美、欣赏美、表现美，并能够创造美的小小艺术家。

（二）工具说明

生成式人工智能艺术创作助手是基于生成式人工智能技术开发的辅助艺术创作工具，具有灵感激发、创意生成、素材获取、作品优化等多种功能。它不仅能够帮助你掌握图片、动画、视频等多种艺术表现形式，还能够引导你增强创新意识，提升艺术实践能力和创作能力。

（三）使用目的

1．培养审美感知能力。
2．提升艺术表现技能、艺术实践能力和艺术创作能力。
3．增强善用多种艺术形式进行创作的创新意识。

（四）使用建议

1．建议在教师或家长的监督或指导下使用。
2．生成式人工智能可以辅助艺术创作，但无法真正理解人类的情感和创新能力，因此生成的作品存在模式化、创意缺乏等问题。请你注重在日常生活中体验和感悟，持续提升自己的艺术感知能力和创作能力。

（五）应用实例

典型案例1：创意视频制作

当你想要通过视频更形象地展示对知识的理解和感悟时，可以使用生成式人工智能艺术创作助手孵化灵感创意，有效提升艺术感知能力。

与AI一起制作视频脚本：建议你提前撰写视频脚本，构思视频的主题、风格、展现方式等。然后将自己撰写的视频脚本与生成式人工智能艺术创作助手自动生成的脚本进行对比分析，进一步优化视频脚本。比如，你想通过视频方式对《将进酒》进行二次创作，展示自己对这首诗的理解和感悟。你要详细描绘视频的主题和风格（见图 3-12）。你描述得越详细，生成式人工智能艺术创作助手生成的脚本就越符合你的需求。

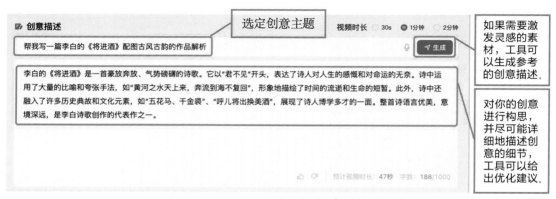

图3-12　与AI一起制作视频脚本

视频素材收集与加工：根据视频脚本，你应该构思如何通过图片、字幕、音乐等进行呈现。你可以自己收集图片，也可以让生成式人工智能艺术创作助手直接生成相关图片。比如，你可以将收集到的"李白饮酒"图片上传，并对视频模板、字幕、配音风格等进行设置（见图 3-13）。

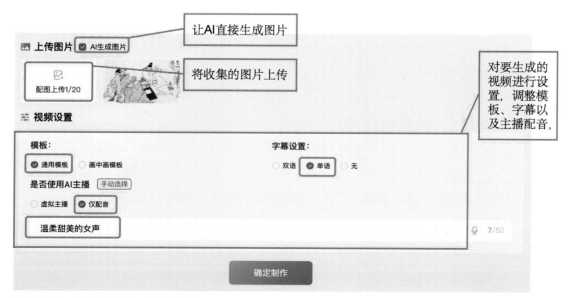

图3-13　素材上传与视频设置

视频智能创作与人工修改：生成式人工智能艺术创作助手会根据你的创意描述，将图片、音乐、转场动画、配音等内容合成视频。你可以通过相关参数设置，让视频的展现方式符合你的设计（见图3-14）。

图3-14 视频智能创作与人工修改

对视频进行仔细打磨：视频初步完成后，建议你对作品进行反思和评估，也可以邀请家人、老师、同学等对作品提出修改意见。建议你根据大家的意见和自己对作品的反思，对视频进行仔细打磨（见图3-15）。

图3-15 对视频进行仔细打磨

完成视频共创并分享：建议你将制作好的视频（见图3-16）分享给大家，一方面用视频方式形象地向大家展示你的学习心得，另一方面加强与他人的交流。

李白的《将进酒》是一首豪放奔放、气势磅礴的诗歌

图3-16　完成视频共创并分享

典型案例2：有声绘本制作

你是否梦想着像安徒生一样当一名"童话作家"，但是每次落笔只有寥寥数字，不知道如何将故事写得更丰满、更生动？有了生成式人工智能艺术创作助手，你的"童话作家"梦想不再遥远。它不仅能跟你一起创作出活泼生动的故事，而且能够以图文声像并茂的形式生成你的专属有声绘本故事书。

确定故事主题与主角：首先，你应确定故事的主题和主角。比如，你想写一个关于"小兔子妮妮森林探险记"的故事。小兔子妮妮是故事的主角，它虽然外表柔弱，但非常勇敢。有了这些初步想法，你可以在生成式人工智能艺术创作助手中选择合适的主角图片，输入相应的主题，然后与生成式人工智能艺术创作助手一起进行绘本创作（见图3-17）。

与AI一起创作绘本故事：你可以与生成式人工智能艺术创作助手自由交流，分享你的故事创作思路。它能够根据你的想法和要求自动续写故事，并智能匹配图片、音乐等。建议你提供较为详细的故事创作思路和要求，并选择性地采用生成式人工智能艺术创作助手生成的内容、图片、音乐等（见图3-18）。

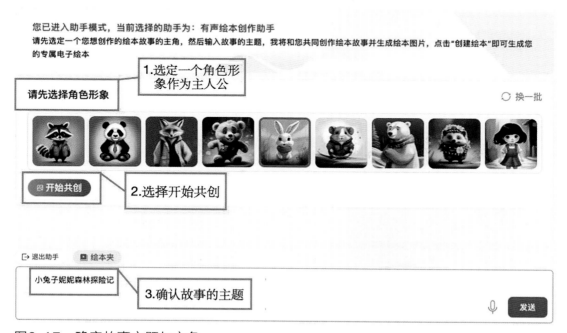

图3-17 确定故事主题与主角

图3-18 与AI一起创作绘本故事

与 AI 一起打磨作品：有声绘本初步完成后，建议你对作品进行精心打磨。你可以向家人、老师或同学征询修改意见。建议你根据大家的建议以及自己对作品的进一步反思，与生成式人工智能艺术创作助手一起修改绘本，对故事情节、场景内容、绘图细节等进行精心打磨，直到满意为止（见图 3-19）。

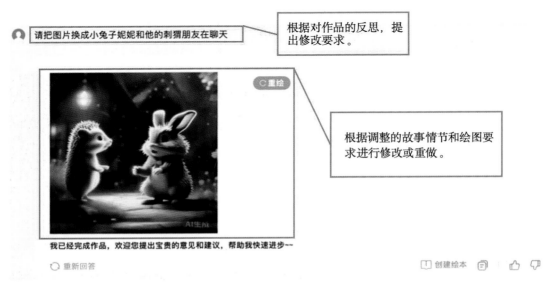

图3-19   与AI一起打磨作品

你创作的有声绘本制作完成：绘本修改完成后，你可以将文本故事与配图整合到绘本夹中。生成式人工智能艺术创作助手自动将所有内容编排成册（见图 3-20）。尽管生成式人工智能艺术创作助手具有自动配音功能，但还是建议你自己配音，一方面锻炼自己的表达能力，另一方面展示你的个人魅力。配音结束后，建议你浏览检查绘本。没有问题的话，你就可以"一键"分享给朋友们啦！

绘本故事—小兔子妮妮森林探险记

将生成的绘本故事与绘图合并成绘本进行逐页阅读，还可以播放配音。

在一个阳光明媚的早晨，小兔子妮妮带着妈妈给她准备的胡萝卜和绿叶子，踏上了去外婆家的旅程。她蹦蹦跳跳地穿过田野，路过一片茂密的森林。突然，一阵微风吹过，森林里传来了神秘的声音，引起了妮妮的好奇　　　　　　　　　　1/3

小兔子妮妮好奇地走到那颗大树下，抬头仔细查看。她发现树洞深邃而神秘，似乎隐藏着一些不为人知的秘密。阳光从树叶的缝隙中洒下，斑驳的光影在树洞周围跳跃，给这个神秘的场景增添了一丝奇幻的色彩。妮妮　　　　　　2/3

分享　　收藏绘本

图3-20　有声绘本制作完成

典型案例3：手抄报制作

你在制作手抄报时，是不是经常苦于文案难拟定、素材难获取等难题？生成式人工智能艺术创作助手能帮助你解决这些难题，快速制作图文并茂的手抄报。

与 AI 一起制作手抄报大纲：首先，你需要自行设计手抄报的主题、风格和文案。然后，生成式人工智能艺术创作助手可以根据你的要求快速生成手抄报大纲（见图 3-21）。建议你详细描述需求，描述得越详细，生成式人工智能艺术创作助手生成的内容越能满足你的需求。

与 AI 一起优化手抄报文案：确定手抄报大纲后，你可以利用生成式人工智能艺术创作助手收集更详细的文字素材（见图 3-22）。你一定要对收集到的文字素材进行甄别与修改。

AI 帮你收集手抄报图片：你需要根据手抄报文字素材挑选合适的图片，对手抄报进行修饰。你可以详细描述图片信息，生成式人工智能艺术创作助手能够根据你的要求快速生成图片素材（见图 3-23）。你可以对图片素材进行二次创作，用手绘、粘贴等多种方式将图片放置在手抄报合适的位置。

👤 帮我生成一个学校儿童节快乐的 手抄报大纲，内容要包含儿童节的由来、儿童节诗歌

标题：儿童节快乐——庆祝我们的节日

一、儿童节的由来
  1. 国际儿童节的起源：1925年，世界各国的代表在瑞士日内瓦召开了"全世界儿童福利会议"，会议决定将每年的X月X日定为国际儿童节，以唤起全世界人民对儿童权益的关注。
  2. 中国儿童节的起源：1949年，中国人民政治协商会议第一次会议通过了《中华人民共和国儿童福利法》，规定每年的X月X日为中国的儿童节。

二、儿童节的意义
  1. 儿童是国家的未来，是社会的希望，他们的健康成长关系到国家的未来和民族的希望。
  2. 儿童节是为了保护儿童的合法权益，提高全社会对儿童问题的关注度，促进儿童的全面发展。
  3. 儿童节也是为了让孩子们在快乐中成长，享受童年的乐趣，体验集体生活的快乐。

三、儿童节诗歌
  1.《儿童节快乐》小朋友们笑哈哈，儿童节来到了家。爸爸妈妈都开心，一起庆祝这美好。小朋友们唱唱歌，跳跳舞，真快乐。祝你们儿童节快乐，天天开心，学习进步。

四、儿童节的活动
  1. 学校会组织各种丰富多彩的活动，如才艺展示、运动会、游园活动等，让孩子们在游戏中学习，在学习中快乐。
  2. 家长可以陪伴孩子参加各种亲子活动，增进亲子关系，让孩子感受到家庭的温暖。
  3. 社会各界也会举办各种公益活动，关注贫困、留守、残疾等特殊群体的儿童，让他们也能感受到节日的快乐。

> 自动生成手抄报大纲：包括儿童节的由来、儿童节的意义、儿童节诗歌、儿童节的活动等。
> 注意：生成的大纲中可能存在错误信息，需要你通过查阅更多资料去更正！

图3-21　与AI一起制作手抄报大纲

👤 针对儿童节的由来， 有哪些素材可以供我参考

儿童节的由来并非凭空而定，背后有其深厚的历史背景。二战期间，德国法西斯发起了一次残酷的屠杀，将妇女、儿童关押，烧毁了许多房舍和建筑。当时世界各地经济萧条，所有人都过着饥寒交迫的生活，许多儿童因传染病而死去，有的被迫成为童工，生活备受折磨。

为了悼念在战争中死去的儿童，反对虐待儿童，保障各国儿童的生存权、保健权和受教育权，以改善儿童的生活条件，1949年国际民主联合会会议决定将每年的6月1日定为国际儿童节。然而，这个全球性的节日的设立有着更深远的历史原因。早在1925年，"国际儿童幸福促进会"倡议建立儿童纪念日，英国、美国、日本等国积极响应，先后建立了各自国家的儿童节。比如，英国规定每年的7月14日为儿童节，美国规定5月1日为儿童节；而日本的儿童节比较特殊，分为男女儿童节，男儿童节是5月5日，女儿童节是3月3日。

中国在1931年曾规定4月4日为中国儿童节。自从1949年确立6月1日为国际儿童节以后，世界各国纷纷废除原来的儿童节，统一为"六一国际儿童节"。我国中央政府也在1949年12月宣布：以"六一国际儿童节"代替原来的"四四儿童节"。

▶ ⏸ 📋 👍 👎

> 针对子主题生成具体的文案参考素材。
> 注意：对AI生成的信息需要进一步甄别。

图3-22　与AI一起优化手抄报文案

帮我生成一幅"儿童节快乐"的图片，风格卡通一些，图片里小男孩与小女孩开心地笑着，充满欢乐的节日气氛

> 针对主题生成配套的图片。

我已经完成作品，欢迎您提出宝贵的意见和建议，帮助我快速进步。

图3-23　手抄报图片智能制作与修改

典型案例4：自我介绍课件制作

课件已经成为公开演讲时的必备工具。当你在班里进行自我介绍、汇报学习心得时，都需要一个精美的课件辅助你演讲。生成式人工智能艺术创作助手能够帮助你快速生成课件，让你的公开演讲更精彩！

与 AI 一起梳理课件大纲：建议你提前准备一篇文稿，然后让生成式人工智能艺术创作助手帮助你快速生成课件大纲。比如，你需要在竞选班长时进行自我介绍，建议你提前撰写竞选文稿，从自我介绍、竞选原因、竞选优势、工作计划等多个方面详细介绍自己。然后将文稿上传至生成式人工智能艺术创作助手。它会快速梳理出演讲大纲（见图 3-24）。

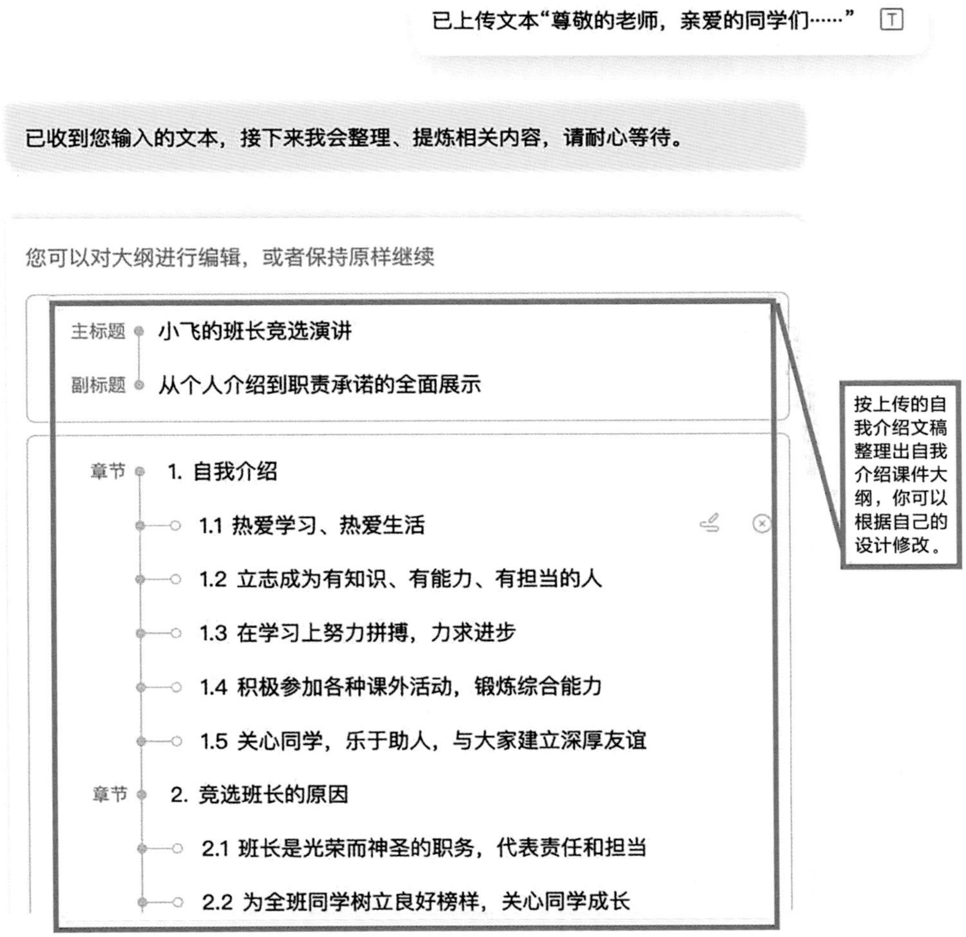

图3-24　与AI一起梳理课件大纲

与 AI 一起挑选课件模板：确定好课件大纲与主题后，你可以根据需要选择与内容相匹配的课件模板，生成式人工智能艺术创作助手会自动完成课件的美化（见图 3-25）。

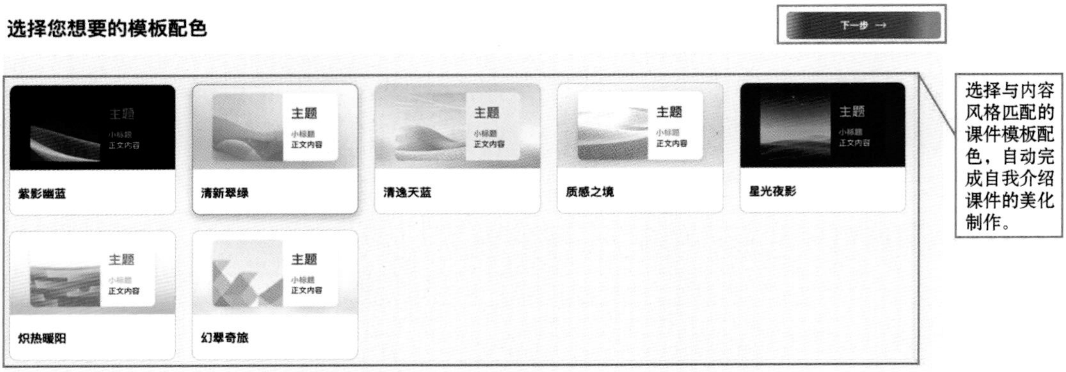

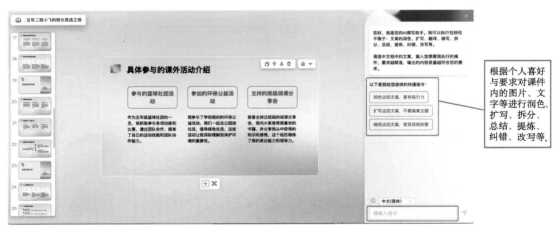

图3-25　自我介绍课件模板设计制作

对课件进行调整优化：课件初步完成后，建议你对课件进行调整和优化。生成式人工智能艺术创作助手能够帮助你对课件里的图片、文字等进行润色、扩写、拆分、总结、提炼、纠错、改写等（见图 3-26）。

图3-26　对课件进行调整优化

完成课件共创并分享：建议你根据实际需要将制作完成的课件分享给他人（见图 3-27），比如在班级竞选活动、个人风采展示等场合应用。优秀的自我介绍课件总是给人以深刻的印象，能够为你的个人形象加分！

五、典型应用五：知识学伴

（一）应用背景

在学习的旅途中，你是否经常遇到知识难题急需寻求帮助？是否希望自己能够掌控学习节奏？是否希望能有一个懂你的同伴一起学习成长？生成式人工智能知识学伴能够像教师一样耐心指导我们学习，像同伴一样与我们交流协作。

（二）工具说明

生成式人工智能知识学伴是基于生成式人工智能技术开发的辅助学习工具，具有知识学习、答疑辅导、互动探究等多种功能。它不仅能够有效地激发学习兴趣，还能够帮助拓展知识边界、培养探究思维、提升学习能力，让你成长为爱思考、会思考、勤思考的终身学习者。

（三）使用目的

1. 激发自主学习兴趣。
2. 拓展知识学习边界、提升自主学习能力。
3. 通过互动探究引发深度思考，培养创新能力。

（四）使用建议

1. 建议在教师或家长的监督或指导下使用。
2. 生成式人工智能的回答可能存在不准确甚至错误的情况，请你充分认识生成式人工智能的局限性，并不断培养自己的批判性思维。

（五）应用实例

典型案例1：中国传统文化学习

春节、元宵节、端午节、中秋节等传统节日是怎么形成的？这些传统节日反映出我们中华民族怎样的习俗和文化观念？当你遇到这些开放式问题时，是否不知道如何回答，也不知道从哪里查找资料？建议你向生成式人工智能知识学伴求助，和它一起在知识的海洋中畅游。

AI 帮你答疑解惑：首先，你需要明确学习目标，用清晰的语言描述自己想要了解的知识内容。比如，你想了解中国传统节日的起源。你可以直接向生成式人工智能知识学伴提问，然后根据它的建议开展深入学习（见图3-31）。

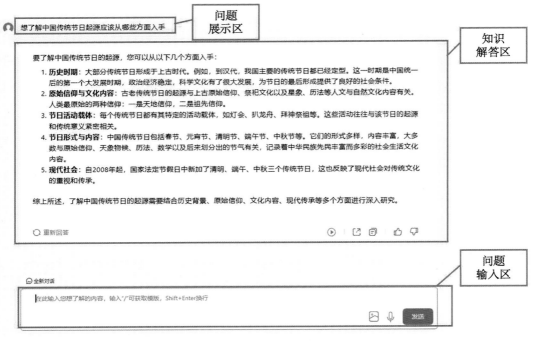

图3-31　AI帮你答疑解惑

AI 通过多种形式展现知识内容：如果你希望以时间为序了解中国传统节日，你可以向生成式人工智能知识学伴提出具体要求（见图3-32）。你的要求表达得越详细，生成式人工智能知识学伴生成的答案就越能符合你的要求。建议你多尝试提问，同一个问题可以用不同的方式表达。

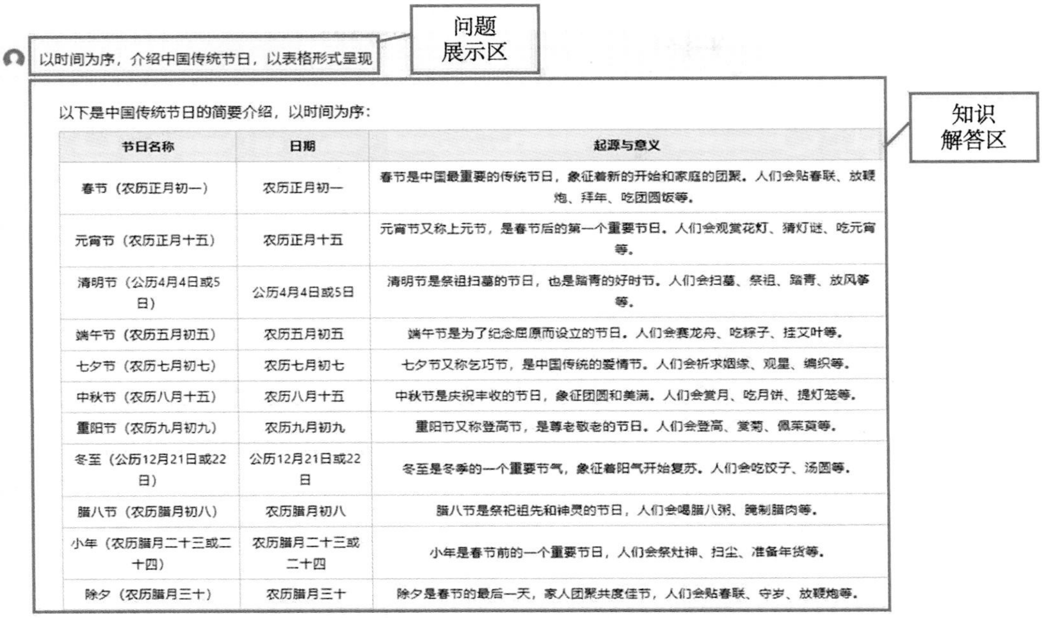

节日名称	日期	起源与意义
春节（农历正月初一）	农历正月初一	春节是中国最重要的传统节日，象征着新的开始和家庭的团聚。人们会贴春联、放鞭炮、拜年、吃团圆饭等。
元宵节（农历正月十五）	农历正月十五	元宵节又称上元节，是春节后的第一个重要节日。人们会观赏花灯、猜灯谜、吃元宵等。
清明节（公历4月4日或5日）	公历4月4日或5日	清明节是祭祖扫墓的节日，也是踏青的好时节。人们会扫墓、祭祖、踏青、放风筝等。
端午节（农历五月初五）	农历五月初五	端午节是为了纪念屈原而设立的节日。人们会赛龙舟、吃粽子、挂艾叶等。
七夕节（农历七月初七）	农历七月初七	七夕节又称乞巧节，是中国传统的爱情节。人们会祈求姻缘、观星、编织等。
中秋节（农历八月十五）	农历八月十五	中秋节是庆祝丰收的节日，象征团圆和美满。人们会赏月、吃月饼、提灯笼等。
重阳节（农历九月初九）	农历九月初九	重阳节又称登高节，是尊老敬老的节日。人们会登高、赏菊、佩茱萸等。
冬至（公历12月21日或22日）	公历12月21日或22日	冬至是冬季的一个重要节气，象征着阳气开始复苏。人们会吃饺子、汤圆等。
腊八节（农历腊月初八）	农历腊月初八	腊八节是祭祀祖先和神灵的节日，人们会喝腊八粥、腌制腊肉等。
小年（农历腊月二十三或二十四）	农历腊月二十三或二十四	小年是春节前的一个重要节日，人们会祭灶神、扫尘、准备年货等。
除夕（农历腊月三十）	农历腊月三十	除夕是春节的最后一天，家人团聚共度佳节，人们会贴春联、守岁、放鞭炮等。

图3-32　AI通过多种形式展现知识内容

典型案例2：AI答疑辅学

当你完成测试时，是不是很想立即知晓测试成绩呢？当你发现某道题做错但又不知道错在何处时，是不是非常希望老师就在身边帮你答疑解惑呢？当你想根据本次测试进一步巩固知识或提升能力却不知道从何入手时，是不是特别希望老师给你定制学习计划呢？当你遇到这些问题时，不妨试试生成式人工智能知识学伴。它不仅能及时为你答疑解惑，还能为你定制下一步学习方案，帮助你进一步巩固相关知识。

AI 及时生成测试结果：你在生成式人工智能知识学伴中完成测试后，它能立即生成测试结果，让你第一时间获得测试反馈（见图 3-33）。

AI 引导你找到错误原因：遇到错题，生成式人工智能知识学伴会采用启发式提问的方式，引导你深入思考，最终找到错误原因（见图 3-34）。

AI 及时鼓励你：当你回答正确时，生成式人工智能知识学伴会及时给予你鼓励（见图 3-35）。

生成式人工智能知识学伴能够提供海量的知识问答，帮助你更好地开展学习、拓展知识边界。但是它并不能够代替你的主动思考。知识的积累和能力的提升更需要你时刻保持好奇心，善于观察、勤于思考、勇于实践，做到知行合一。

图3-33　AI及时生成测试结果

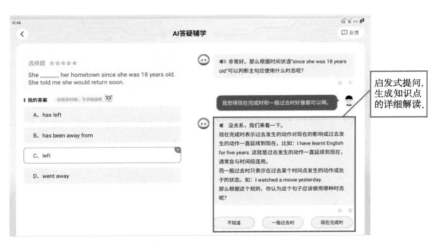

图3-34　AI引导你找到错误原因

图3-35　AI及时鼓励你

六、典型应用六：计划制定

（一）应用背景

　　凡事预则立，不预则废。若要顺利达成目标，首先需要制定周详的计划。比如，你计划在一段时间内习得一项新技能，应该怎样制定学习计划呢？你和同学准备合作开展一项全新的探究任务，应该如何制定小组探究性学习计划呢？你希望考入理想的大学，应该如何制定长期的学习成长计划呢？当你设定了学习目标，但又不知道如何实现时，不妨求助生成式人工智能计划制定助手。

（二）工具说明

　　生成式人工智能计划制定助手是基于生成式人工智能技术开发的辅助计划制定工具，具有辅助制定计划、智能生成计划、智能优化计划等多种功能。它不仅能够引导你逐步掌握计划制定的方法，还能够帮助你成长为有目标、会规划、重落实的人。

（三）使用目的

　　1. 形成合理规划时间、有效安排任务的意识。
　　2. 培养不同情境下制定计划的能力。

（四）使用建议

　　1. 建议在教师或家长的监督或指导下使用。
　　2. 生成式人工智能可以辅助制定计划，但合理的计划制定只是实现目标的起点。目标的实现更依赖于你的计划执行能力。

（五）应用实例

典型案例：跨学科主题学习计划制定

当你作为组长，需要和多名同学一起完成一项跨学科主题学习任务时，应该如何制定科学合理的小组学习计划呢？生成式人工智能计划制定助手能够帮助你制定一份科学合理的跨学科主题学习计划，推进团队成员齐心协力完成学习任务。

AI 帮你梳理注意事项：可能你是第一次组织跨学科主题学习，不知道如何开展跨学科主题学习活动、应该注意哪些问题。你可以及时向生成式人工智能计划制定助手求助。你的问题描述得越详细，它越能准确回答（见图 3-36）。

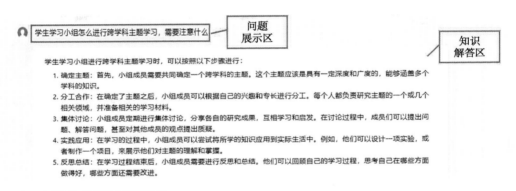

图3-36　AI帮你梳理注意事项

AI 协助你进行任务分配：任务分配是跨学科主题学习的一项重要工作，直接关系着学习任务完成的质量。生成式人工智能计划制定助手能够协助你进行任务分配（见图 3-37）。

AI 协助你优化分工：生成式人工智能计划制定助手能够生成多种形式的内容，包括文本、表格、图片等。建议你详细描述自己的需求。比如，你希望以表格形式呈现跨学科主题学习计划，可以对生成式人工智能计划制定助手提出具体要求（见图 3-38）。建议你根据实际需求对生成式人工智能计划制定助手生成的内容进行优化和调整。

问题展示区：上面跨学科学习计划，如果一组9个人，该如何分配任务

知识解答区

如果一组有9个人，可以按照以下方式分配任务：

1. 确定每个学科的负责人：从每个学科中选出一个负责人，负责协调和组织该学科的任务。
2. 划分学科任务：根据跨学科学习计划的内容，将各个学科的任务分配给相应的负责人。可以根据学科的重要性和难度来平衡任务的分配。
3. 制定具体任务清单：每个负责人根据自己负责的学科，制定具体的任务清单，包括需要完成的内容、时间安排和资源需求等。
4. 小组成员分工：在每个学科内部，小组成员可以根据各自的专长和兴趣进行分工。确保每个人都有自己的任务，并且任务之间相互配合。
5. 定期开会讨论进展：定期召开会议，让每个小组成员分享自己的进展情况、遇到的问题以及需要的帮助。通过集思广益，解决问题并推动项目进展。
6. 监督和评估：负责人对每个小组成员的任务进行监督和评估，确保任务按时完成并达到预期的质量标准。
7. 协作与交流：鼓励小组成员之间的合作与交流，促进不同学科之间的知识共享和互相借鉴。可以通过讨论会、工作坊等形式来加强团队协作。
8. 整合成果：在跨学科学习计划结束后，负责人整合各学科的成果，形成综合报告或展示，以展示团队的整体成果和收获。

图3-37 AI协助你进行任务分配

问题展示区：将上述两项回答合并生成一个详细计划表格

知识解答区

项目阶段	任务描述	负责人	开始日期	截止日期
确定负责人	从每个学科中选出一个负责人，负责协调和组织该学科的任务。	-	X月X日	X月X日
划分学科任务	根据跨学科学习计划的内容，将各个学科的任务分配给相应的负责人。	各学科负责人	X月X日	X月X日
制定具体任务清单	每个负责人根据自己负责的学科，制定具体的任务清单，包括需要完成的内容、时间安排和资源需求等。	各学科负责人	X月X日	X月X日
小组成员分工	在每个学科内部，小组成员可以根据各自的专长和兴趣进行分工。确保每个人都有自己的任务，并且任务之间相互配合。	小组成员	X月X日	X月X日
定期开会讨论进展	定期召开会议，让每个小组成员分享自己的进展情况、遇到的问题以及需要的帮助。通过集思广益，解决问题并推动项目进展。	各学科负责人	每周一次，从X月X日开始	
监督和评估	负责人对每个小组成员的任务进行监督和评估，确保任务按时完成并达到预期的质量标准。	各学科负责人	每天或每周，根据需要而定	
协作与交流	鼓励小组成员之间的合作与交流，促进不同学科之间的知识共享和互相借鉴。可以通过讨论会、工作坊等形式来加强团队协作。			
整合成果	在跨学科学习计划结束后，负责人整合各学科的成果，形成综合报告或展示，以展示团队的整体成果和收获。	各学科负责人	X月X日	X月X日

图3-38 AI协助你优化分工

制定一个好的计划有助于你顺利达成既定目标。生成式人工智能计划制定助手能够帮助你快速制定各种各样的计划。但是计划执行与计划制定同等重要，你应该做到有目标、会规划、重落实。

七、典型应用七：心理健康辅导

（一）应用背景

如果你在交友、学习、生活等方面遇到问题，感到焦虑、失落、抑郁，但又不愿意向家人、教师、同学、朋友求助，不妨与生成式人工智能心理导师聊聊天。它不仅能够替你保守秘密，还能够不厌其烦地倾听你、接纳你，帮助你纾解负面情绪、找到问题症结、提供解决办法，并教你如何接纳和愉悦自己。

（二）工具说明

生成式人工智能心理导师是基于生成式人工智能技术开发的心理辅导工具，具有心理健康科普问答、心灵画像描绘、不良情绪疏导、情绪诊疗方案定制等多种功能。它不仅能够成为你的心理导师、贴心伙伴，还能够帮助你更好地认识自己、接纳自己、成为自己。

（三）使用目的

1. 帮助正确认识自我，纾解不良情绪。
2. 绘制个性化心灵画像，定制心理问题解决方案。
3. 引导形成积极的心理品质，树立生命安全与健康意识。

（四）使用建议

1. 建议在教师或家长的监督或指导下使用。
2. 生成式人工智能只能从外部帮助你纾解情绪，解决情绪问题的关键还在于你自己。

（五）应用实例

典型案例：心理咨询

你是否经常受到这些问题困扰？总觉得自己不如别人优秀、同学不喜欢自己、一遇到考试就失眠、一到公开演讲就想上厕所……。当你饱受不良情绪困扰但又不愿开口向别人求助时，不妨跟生成式人工智能心理导师聊聊天、诉诉苦，它能为你保守秘密，也能贴心陪伴你，更能帮助你找到解决问题的办法。

与 AI 开展零压感互动交流：你可以随时随地与生成式人工智能心理导师进行互动交流。不管你说什么，它都会耐心倾听你的心声。你只需要放松心情，想聊什么就聊什么。你可以选择文本、语音、视频等多种方式（见图 3-39）。

图3-39 与AI开展零压感互动交流

AI 为你定制心理问题解决方案：生成式人工智能心理导师能够根据互动交流的内容实时生成你的心理画像，包括你的情绪状态、问题类型等信息，并为你定制解决方案，比如推荐与你相关的心理科普读物或情绪缓解资源（见图 3-40）。

图3-40　AI为你定制心理问题解决方案

AI 和真人导师一起帮助你解决心理问题：由于生成式人工智能心理导师只能解决普适性的心理问题，因此建议你根据实际情况及时向真人心理导师求助。生成式人工智能心理导师会为你推荐相关信息（见图 3-41）。

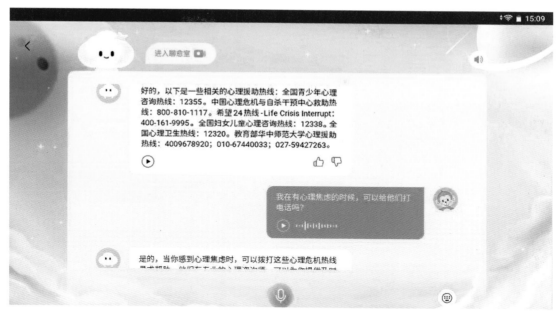

图3-41　AI和真人导师一起帮助你解决心理问题

　　人的一生总要经历酸甜苦辣。不管遇到什么难题，请你一定要积极地面对。生成式人工智能心理导师能够辅助你解决心理问题，但是最终的解决方案还是靠你自己。你要学会认识自己、接纳自己，用智慧和勇气克服人生的一道道难关，成为更好的自己！

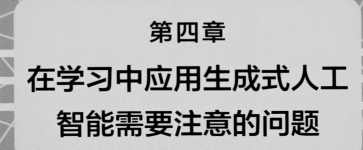

第四章
在学习中应用生成式人工智能需要注意的问题

　　我们在了解生成式人工智能的历史发展、不同场景下的使用方法后，肯定想尽快体验一下生成式人工智能的奇妙之处。但是，生成式人工智能并非尽善尽美，也有不好的一面。使用不当不仅不会给我们的学习助力，反而会引发很多新的问题。本章将从生成式人工智能在学习中应用的基本准则与合理规范使用的向导两个方面帮我们建立在学习中正确使用生成式人工智能的路径。

虽然生成式人工智能打开了学习的新大门，让我们可以更高效、更聪明地学习，但科技是把"双刃剑"，就像任何一种强大的工具一样，如果不能被正确使用，它也可能带来一些问题和负面影响。面对生成式人工智能，我们需要充分了解潜在的问题与风险，明确使用的准则和策略，才能正确地、负责任地驾驭它，让它更好地为我们的学习服务。

一、应用中可能存在的问题

（一）技术发展局限导致的问题

生成式人工智能在技术发展上仍存在不完善的地方，比如对于数据的处理能力尚需提高，算法不透明以及算法可能存在偏见等。这有可能引发以下问题。

1. 数据管理不当引发的信息泄露

生成式人工智能模型需要以海量的数据为基础，在我们学习应用的过程中，个人隐私、学习数据、行为轨迹、学习成绩、个人偏好、班级信息等敏感信息都将被采集获取。若在数据采集、处理、存储与管理时没有采取相应的安全措施，我们的个人隐私将存在泄露的风险，如被未经授权的人访问、篡改或滥用，可能使我们遭受诈骗或骚扰，造成对财产权、隐私权等权益的侵害。

2. 数据污染造成的信息误导

生成式人工智能的性能在很大程度上取决于训练数据的质量，如果训练数据被"污染"，存在偏差或者偏见，那么生成的人工智能模型也可能产生偏差和偏见。也就是说，在"学习"受到污染的数据后，生成式人工智能模型可能会"一本正经地胡说八道"，它会生成一些看起来很正确，但实际上存在内容性错误、不准确、虚假的信息。比如，使用者检索信息时，生成式人工智能可能会给出根本不存在的文章标题、链接地址；探讨学业问题时，生成式人工智能可能会给出不相关或错误的答案，导致使用者接收错误的信息，影响学习效果和判断能力。此时，若我们不具备缜密的批判性思维，就很容易被误导。

3. 数据与算法偏见带来的信息欺诈

生成式人工智能的核心原理是以算法学习大量数据来理解并生成新的内容。生成式人工智能的决策依据是算法，基于同样的数据，采用不同的算法，会产生不一样的结果。算法由人编写，可能会受到编写者的影响，带入编写者的主观偏见或歧视。类似地，如果用于训练模型的数据标注有偏见，那么生成式人工智能也可能将源数据的偏见带入回答。带有数据或算法偏见的生成式人工智能，会向我们传递具有歧视性甚至有害的回答，从而误导我们的学习和行为，忽视我们的学习需求，可能会使我们感到困惑或沮丧，甚至引起价值观偏差。

4. 算法黑箱引起的解释缺失

由于技术本身的复杂性和技术公司的商业逐利行为，对于普通使用者来说，生成式人工智能算法犹如一个"黑箱"，使用者并不清楚算法的目标与意图，甚至算法开发者也不能完全解释算法的决策过程。生成式人工智能只会给出对问题的回答，并不会清晰展示它得出答案与决策的推导过程。许多人在使用生成式人工智能时，对其算法路径与运算逻辑一无所知，对于结果是如何产生的，尤其是引自哪里并不清楚，也就无法对信息进行溯源追踪，无法判断答案的正确性、全面性与逻辑性，陷入"只知其然而不知其所以然"的困境，还可能会导致侵犯知识产权等问题的出现。

"AI陪伴"软件侵害人格权

2023年4月，何某将某款智能手机记账软件开发者告上法庭。在该软件中，用户可以自行创设或添加"AI陪伴者"，设定"AI陪伴者"的名称、头像、与用户的关系、相互称谓等。何某认为，在其本人未同意的情况下，该软件中出现了以其姓名、肖像为标识的"AI陪伴者"，同时，该软件通过算法应用将该角色开放给众多用户，允许用户上传大量关于其本人的"表情包"。法院受理了该案，认为被告未经同意使用原告姓名、肖像，设定涉及原告人格自由和人格尊严的系统功能，构成对原告姓名权、肖像权、一般人格权的侵害，遂判决被告向原告赔礼道歉、赔偿损失。

（二）使用不当导致的问题

虽然生成式人工智能功能强大，但如果不能正确地将生成式人工智能应用到学习任务、场景中，则可能导致以下问题。

1. 用生成式人工智能代写作业、考试作弊

生成式人工智能具有智能化的知识搜索、问题解答、逻辑分析、AI 写作、音视频图画内容创作功能，可能为作业抄袭、测验作弊提供便利。学生可以轻松、便捷地通过生成式人工智能获得学习素材、解决学习问题，甚至可以用它完成老师布置的学习任务。有些学生可能想走捷径，把作业和测验都交给生成式人工智能代劳。作业与测验是学习过程中至关重要的环节，对巩固知识、加深理解、提升能力具有重要作用。学生使用生成式人工智能代替自己完成作业与测验，看似减轻了学习压力、减少了学业负担，但这是一种可耻的抄袭与作弊行为。对于老师来说，不实的作业和测验表现会使其对学生的知识水平和能力做出错误评价与判断，进而影响后续的教学计划与安排；对于学生来说，作弊会破坏学习过程，使他们失去宝贵的独立思考、深度思考的机会，不利于学业成绩提升和高阶思维发展；对于其他同学来说，使用人工智能代替完成作业与测验也会破坏教育公平。

2. 过度依赖导致批判性思维和创新能力退化

由于生成式人工智能大模型设计采用直白的问答模式，因此我们能够直接从聊天中获得问题答案和建议信息。这可能会导致部分学生对其产生依赖。比如，遇到问题时，不经过独立的思考便求助于生成式人工智能，只获得单向的知识灌输与投喂，等待答案的生成；对生成式人工智能提供的信息不加辨别地全盘接受，不再进行积极的思考和批判的判断。这会让我们容易满足于现成答案，停留在浅层思考，失去了对事物的好奇心和求知欲；也会使我们过分关注学习结果、忽视学习过程，导致批判性思维和创新能力退化。

3. 长期沉溺影响正常的人际交往与团队协作

生成式人工智能在回答问题时会使用友好的语气，并且能够做到有问必答、及时回应。这种拟人化的陪伴模式可能会导致严重的情感成瘾问题，使我们长时间、习惯性地沉浸于人工智能世界，而拒绝或忽视与真实生活中的师长、同学互动交流。师生、生生间的人际交往与互动，被"人机"交往削弱、

取代，造成真实生活中的人际疏离，影响学生的沟通和团队协作能力。此外，生成式人工智能会根据使用者的使用习惯和兴趣偏好，提供使用者可能感兴趣的信息，但不能保证提供的知识是全面和系统的。我们如果只依赖生成式人工智能学习，忽视传统的面对面交流和协作学习，且教师未进行适度引导，就会影响获取信息的广度与思考的深度。

为生成式人工智能在教育领域的应用制定"行为规则"

　　2023 年 9 月，联合国教科文组织颁布了《生成式人工智能教育与研究应用指南》，这是全球首份生成式人工智能相关的指南性文件，旨在促使生成式人工智能更好地融入教育。

　　该文件指出：生成式人工智能的产生与发展，为人类生产生活尤其是教育的发展带来无限可能，但是也要注意相关风险。为此，该文件在强调对生成内容进行人工审核、标识以及考虑伦理原则的基础上，从生成内容、政策法规、知识产权和数字鸿沟等六个层面分析了生成式人工智能可能带来的显性与隐性风险。我们需要加强外部监督监管的力度、强化生成式人工智能提供者的责任意识、规范机构用户的内部评估、引导个人用户自我约束，这样有助于我们充分发挥生成式人工智能的优势，更好地将其应用于生活和学习场景。

二、基本准则和使用向导

　　生成式人工智能在学习领域具有巨大的潜力，如何用好这把"双刃剑"，让它成为我们的一种强大而有效的学习工具？一方面，在学习中应用生成式人工智能的时候要秉持正确的使用原则。另一方面，用拥抱而非抵触的态度去认识它，用明辨而非盲从、赋能而非依赖的态度去使用它，这样做不仅能帮助我们为未来做好准备，而且能让我们发现新的可能，创造更好的学习体验。

（一）基本准则

1. 合法合规、正当使用

在学习活动中使用生成式人工智能时，应严格遵守法律法规、伦理道德和标准规范。禁止使用不符合法律法规、伦理道德和标准规范的生成式人工智能产品与服务，禁止使用生成式人工智能产品与服务从事不法活动。在使用生成式人工智能时，确保我们的个人信息和敏感数据得到充分保护。

2. 强化责任、避免误用

充分了解生成式人工智能产品与服务的适用范围和负面影响，尊重一些人不使用人工智能产品或服务的权利，避免不当使用生成式人工智能产品与服务，避免非故意造成对他人合法权益的损害。坚持人类是最终责任主体，全面增强责任意识，在应用生成式人工智能时自省自律，不回避责任审查，不逃避应负责任。积极学习人工智能伦理知识，客观认识伦理问题，不低估、不夸大伦理风险。主动开展或参与生成式人工智能伦理问题讨论，提升应对能力。

3. 促进发展、善意使用

充分了解生成式人工智能产品与服务带来的益处，积极学习相关知识，主动掌握选择、使用、应急处置等各环节所需技能。了解可能收集的信息类型和信息使用方式及其对教育与生活的影响。在应用生成式人工智能产品和服务时，确保学生和教师对教与学过程的主导权。学生在使用这些工具辅助学习时，应注意辨别和评估信息的准确性与适用性，避免过度依赖；教师应通过示范和引导，帮助学生理解如何在不过度依赖这些工具的情况下使用它们。确保学习者有充足的机会发展认知能力和社交技能，包括观察现实世界、实验、与他人讨论、独立进行逻辑推理等。

（二）使用向导

在学习中，当我们决定是否以及如何使用生成式人工智能时，不能受到他人的影响，也不能被广告所迷惑。鼓励大家谨慎、有创造性地使用生成式人工智能。具体的决策和应用方法可以参考以下建议，其中需要重点关注的是"提出合适的问题""创造性地使用生成内容""要警惕的事项"。

的教育服务。更为重要的是，相比于传统知识传授方式，生成式人工智能教育专用大模型大大提高了学习的起点。它将帮助学生在掌握学科知识的基础上扩大跨学科学习边界，使学生重新获得知识控制权和学习控制权，实现个性化和自主性学习，让学生成为真正的知识"学霸"。

（二）成为学生的良师益友

随着智能技术与教育教学的深度融合，生成式人工智能教育专用大模型将彻底改变教育教学中的信息获取方式和人机交互方式，在一定程度上弥补教师教学的不足，甚至在某些方面超越教师，成为百科全书式的学习助手。一方面，借助生成式人工智能教育专用大模型，学生可以快速获取知识，通过更富逻辑性的提问或对话交流，在持续的反馈循环中形成更高级的思维链条，从而实现对知识的快速、系统、精准整合与呈现。另一方面，依靠生成式人工智能教育专用大模型强大的任务处理能力和个性化数据支持能力，学生可通过与生成式人工智能教育专用大模型的持续交互生成契合其学习偏好的知识序列和学习内容，从松散的信息检索转向聚焦问题和促进知识建构的全景式学习。

（三）帮助学生从"死读书"转变为"活学活用"

不同于传统学习注重对知识的机械记忆和对程序性知识的重复练习，未来的学习更加强调对知识产生过程的探索和对新知识的创造。这就要求学生既清楚自己需要什么知识，又清楚如何获取这些知识。生成式人工智能教育专用大模型的泛化能力和多样态信息处理能力可适用于不同的学习任务和场景，只需一个界面、一个指令就能懂你所言、答你所问、创你所需、解你所难。通过与生成式人工智能教育专用大模型的深度对话，学生不仅可以获得精准的学习支持，还能理解知识输出逻辑和知识创造机理，从机械记忆的学习路径走向理解生成的学习路径，实现高质量、有意义的学习。

《重构教育图景：教育专用大模型研究报告》

2023 年 11 月，中国教育科学研究院数字教育研究所与之江实验室智能教育研究中心共同发布《重构教育图景：教育专用大模型研究报告》。报告聚焦教育专用大模型，从技术基础、应用现状、潜在挑战、创新构思、落地场景等方面开展研究。教育专用大模型将把"以学习者为中心"理念变成普遍现实。教育专用大模型应用包括学习空间互动生成、学习资源按需供给、教师角色转型升级、探究性学习、对话式教学、嵌入式评价、服务式治理等关键要素。

为进一步推动教育专用大模型发展，报告提出建议：一是提升教育教学环境的韧性、包容与灵活度，利用教育专用大模型打造教育高质量发展的智能底座，有效支撑教育数字化转型。二是加快关键技术的突破创新，充分利用教育领域多模态、长周期的海量数据，对学习者认知过程与教学交互过程等进行精确捕捉与深度理解，进一步明晰教学过程及其底层机制，构建适用于多种类型教育任务的教育专用大模型。三是推动教育目标与评价创新，探索开发式学习任务设计，全面强化学习过程评价，创新学生作业评价和教师评价。四是优化教师教学行为与范式，形成人机协同的教育教学新常态，提高教师数字素养与技能，根据实际情况灵活调整教育专用大模型的应用策略。五是规范大模型的应用范围与指引，明确使用范围、使用对象和使用场景，提出针对性的师生使用指引，并接受社会公众的持续性监督和反馈。六是持续开展大模型对教育的影响研究，跟踪研判国内外教育专用大模型发展趋势，加强"人机共教""人机共学"的基础理论研究和实证研究，完善教育政策工具箱，在大模型开发应用的生命全周期中彰显教育公平、确保教育质量。

——节选自《重构教育图景：教育专用大模型研究报告》

二、智能学伴与智能教师将让学生拥有不一般的学习体验

随着以生成式人工智能为代表的新一代数字技术的日趋成熟，每位学生将拥有一个智能学伴和指导自己成长的智能教师。智能学伴能够深入了解每位学生的学习习惯、兴趣爱好，随时随地为其量身定制个性化的学习场景和学习内容。智能教师将伴随着智能技术的发展而成长，它懂学生、懂教学、懂知识，可以部分代替真人教师开展教学工作，协助教师完成与学生的教学互动、学习测试、学情跟踪、学习管理等工作，尤其在教育教学场景自动解析、学习能力自动评测、跨学科多类型题目自动批阅等方面大显身手。

（一）智能学伴可全面提升学生的学习体验

对于智能学伴，或许大家已在科幻书或影视片中多多少少见过，有个模糊的印象，但对于它的具体形象和功能，还不能确切地描绘。随着虚拟现实技术和生成式人工智能教育专用大模型的技术成熟，我们可以畅想未来智能学伴的样态：在外貌方面，学生可以直接选择平台提供的虚拟人物形象，也可以利用人脸识别和建模技术，制作出与自己相似的虚拟形象；在语音方面，利用语音生成功能，学生可以根据个人偏好来自定义智能学伴的音色和语气，并根据心情随时变换；在动作表情方面，智能学伴不再是屏幕上冷冰冰的一个形象，它将更生动、更智能，在合适的时间节点，做出适合的动作。智能学伴可以伴随学生成长的不同阶段，提供适合的服务。

智能学伴将会以怎样的方式陪伴每位学生呢？它将通过创造沉浸式的学习环境，使学生实现跨越时空的互动，身临其境体验历史人物生活、工作的虚拟场景，和虚拟人物进行对话。智能学伴还可以帮助学生打破传统学校物理空间的束缚，让身处不同地点的学生出现在同一个虚拟课堂中，开展学习与交流，形成远程融合的综合育人空间。在这样的空间内，学生可以体验到丰富多样的学习情境，可以调动视觉、听觉、触觉等多个感官参与学习，学习将更具多样性和趣味性。

此外，智能学伴将具备情感智能，能够理解学生的情感状态，提供温暖的陪伴和激励。在面对压力和挑战时，智能学伴将成为学生的支持者和鼓励者，激发其自信心，培养学生自律能力和情绪管理能力。这种关怀式的陪伴将让学生在学业和情感上得到支持，助力其健康成长、全面发展。

（二）智能教师将为学生提供更精准高效的指导

基于全面的学习过程数据，智能教师将成为教师指导学生的得力助手、家长教育孩子的专业导师和学生自我诊断的贴心顾问。未来的智能教师将是一个"多面手"，将时刻陪伴在学习者身边，无论在课堂内外、学校内外，都将为学习者的学习和成长提供全方位的支持与指导。

学业规划指导师。随着学习活动的时空边界被无限打开以及互联网信息量的剧增，我们能强烈感受到知识爆发的浪潮正以泰山压顶之势向我们冲来。如果学生不能很好地制定计划，很有可能会迷失在知识的海洋中。智能教师可以为学生提供专业学习计划建议，并汇聚、筛选、推荐各类学习资源，帮助学生提高学习效率。

自动批阅作业的助理教师。未来，智能教师可针对不同能力的学生自动生成个性化作业或试题，并在学生作答完成后实时、高效地进行评阅。它可以实现解题分步骤批改、作文的详细批改与深度点评、作业开放式评价等，可以即时反馈结果，并能随时答疑。

个性化学习的设计师。依据学生课上、课下及日常行为数据，为学生量身打造个性化课程学习方案，因材施教，关注每一位学生的成长与提升。借助技术手段，通过构建教育教学专家库，利用实时交互的形式对学生所提出的问题给予针对性解答和个性化指导。同时，在教师传授知识的基础上，通过自然语言人机交互对话功能，为学生进一步提供个性化、具体化的帮助与指导。

学习问题自动诊断与反馈的分析师。智能教师可自动诊断学生学习过程中出现的问题，基于学科知识图谱建立学生学科能力标记模型，并进一步对学生学习测练数据进行追踪分析，使学生精确了解学习进度、成效与问题。

　　学生心理健康评估与改进的辅导员。据统计，多达 20% 的中小学生存在焦虑和抑郁等心理问题，但这些问题往往难以被及时发现，容易错过最佳干预时期。智能教师可以协助教师快速、准确地发现学生的心理问题并及时给予干预和辅导。

　　职业规划与选课咨询师。基于学生兴趣爱好测试未来职业方向，可以提供职业规划建议并推送配套兴趣课程。高中阶段可以根据学生职业偏好，提供必修与选修科目资源服务，帮助学生更精准地选择高考科目。

　　体质健康监测与提升的保健教师。健康的身体是学习的保证，传统教师主要依靠实践和经验来指导学生进行体育锻炼，对每个人的运动负荷缺乏科学和有效的监控和评价。智能教师可以通过智能设备和智能仪器实时采集学生体质健康的行为数据，并将其转化成心率、血氧、力量、耐力、运动、加速度等体质健康数据，从而监测和及时诊断学生体质、运动技能、健康知识等方面的问题，并积极干预。

　　反馈综合素质评价报告的班主任。智能教师通过收集学生综合素养能力、学习水平层级及学习行为态势等数据，将其整合为综合素质评价报告，向学生、教师和家长提供全面、客观、科学的综合评价结果。

　　随着生成式人工智能的日益成熟和在学习中应用的不断普及，未来学习不再局限于传统的师生互动，而是演变成"师–机–生"合作。作为学习者，我们将与智能机器"合体"，共同解决那些超级复杂的问题。在这个过程之中，拥有独立思考、创造性思维、批判性思维、逻辑思维、情感、同理心、价值观及人际交往等能力将越发重要。与此同时，每一次科学技术的重大进步都会带来新的伦理和安全问题。生成式人工智能越是贴心、越是个性化，它掌握的个人隐私信息也会越多。未来，应尽快建立相应的技术标准，完善政府监管、行业自律、法律规范制度。

　　未来的学习就在不远处等待着我们！生成式人工智能将为我们开启学习路径定制化和不断优化的新时代。所有学习者都将拥有更加智能、更加个性化、更加灵活的学习体验。学习将变得更富有趣味、更具挑战性，也更贴合学习者的需求。无论你是小学生还是大学生、年幼还是年长，无论你处于何种状态、何时何地，学习都将成为一场充满乐趣和发现的探险。这是一场真正属于每个学习者的旅程，让我们一起走进这个充满无限可能的学习新纪元吧！

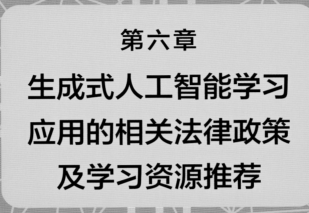

第六章
生成式人工智能学习
应用的相关法律政策
及学习资源推荐

　　生成式人工智能是一个新生事物，其对我们学习与生活的影响潜力极其巨大，有着极为广阔的应用前景。到目前为止，仅通过与生成式人工智能的初接触是难以全面、完整地了解它的，我们需要通过更多的学习才能真正地掌控它。本章将向学习者推荐一些较为重要的生成式人工智能相关政策与学习资源，帮助大家更好地利用它开展学习。

一、法律、政策、标准

为了应对生成式人工智能的快速发展，保护公民、法人和其他组织的合法权益，我国制定发布了一系列相关法律、政策、标准，对生成式人工智能应用做出了明确规定（见表 6-1）。

表 6-1　生成式人工智能应用的相关法律、政策和标准

颁布主体	文件名称	颁布时间	核心内容
全国人民代表大会常务委员会	《中华人民共和国网络安全法》	2016 年 11 月	为了保障网络安全，维护网络空间主权和国家安全、社会公共利益，保护公民、法人和其他组织的合法权益，促进经济社会信息化健康发展，制定本法。
全国人民代表大会常务委员会	《中华人民共和国数据安全法》	2021 年 6 月	为了规范数据处理活动，保障数据安全，促进数据开发利用，保护个人、组织的合法权益，维护国家主权、安全和发展利益，制定本法。
全国人民代表大会常务委员会	《中华人民共和国个人信息保护法》	2021 年 8 月	为了保护个人信息权益，规范个人信息处理活动，促进个人信息合理利用，根据宪法，制定本法。
全国人民代表大会常务委员会	《中华人民共和国科学技术进步法》	2021 年 12 月（修订）	为了全面促进科学技术进步，发挥科学技术第一生产力、创新第一动力、人才第一资源的作用，促进科技成果向现实生产力转化，推动科技创新支撑和引领经济社会发展，全面建设社会主义现代化国家，根据宪法，制定本法。
国家互联网信息办公室等七部门	《生成式人工智能服务管理暂行办法》	2023 年 7 月	明确提出坚持发展和安全并重、促进创新和依法治理相结合的原则，对生成式人工智能服务实行包容审慎和分类分级监管，规定了提供生成式人工智能产品或服务应当遵守法律法规的要求，尊重社会公德和伦理道德，并明确了生成式人工智能服务提供者需要承担的各项义务和责任。
全国信息安全标准化技术委员会	《生成式人工智能服务安全基本要求》（征求意见稿）	2023 年 10 月	首次提出生成式人工智能服务提供者需遵循的安全基本要求，涉及语料安全、模型安全、安全措施、安全评估等方面。文件将语料及生成内容的主要安全风险分为 5 类 31 种。同时提出针对未成年人的意见：应允许监护人设定未成年人防沉迷措施；需经过监护人确认后未成年人方可进行消费；为未成年人过滤少儿不宜内容，展示有益身心健康的内容。

二、学习资源

通过前面的章节，我们已经了解了生成式人工智能的技术发展和应用领域。大家是不是被它所带来的巨大变革所震撼呢？生成式人工智能不仅是一种令人惊叹的技术，而且会对未来学习产生深远影响。

在这个信息时代，人工智能正逐渐渗透到各个领域，改变着我们的生活和工作方式。它可以帮助我们解决复杂的问题，提供创新的解决方案，甚至创作出令人难以置信的艺术作品。无论是在教育、医疗、艺术还是娱乐领域，生成式人工智能都能扮演重要的角色，为我们带来许多福祉。

为了让你更深入地了解生成式人工智能，并能够自主学习和探索，我们在本章精心整理了一些学习资源。这些资源包括技术性学习资源和应用性学习资源，旨在帮助你全面认识生成式人工智能的技术原理和实际应用。

针对技术性学习资源，我们将引导你深入了解生成式人工智能的内部机制、算法和模型。你可以学习相关的编程语言和工具，亲自动手实践和构建生成式人工智能模型。这将帮助你培养创新思维和解决问题的能力，为未来的学习和职业发展打下坚实的基础。

针对应用性学习资源，我们则提供了许多实际应用案例，帮助你了解生成式人工智能在各个领域的具体应用。你可以从中汲取灵感，思考如何将生成式人工智能应用于自己感兴趣的领域，发挥创造力和创新思维。

在这个充满机遇和挑战的时代，通过学习和探索生成式人工智能，你将能够更好地应对未来的变化和需求。我们希望这些学习资源能够为你提供全面的支持，帮助你在生成式人工智能的世界中获得更多成就。

（一）技术性学习资源推荐

我们将技术性学习资源（见表6-2）分为两类，以适用于不同程度的学生和教师。无论你是初学者还是已经有了一定了解的教师或学生，这些学习资源都将帮助你更好地掌握人工智能技术，并将其应用于实际生活与学习中。

表 6-2   人工智能的技术性学习资源

平台名称	主办单位	适用情况
国家智慧教育公共服务平台	教育部教育技术与资源发展中心（中央电化教育馆）	基础人工智能和信息技术知识的学习资源，适用于所有教师和学生
全民数字素养与技能提升平台	中央党校（国家行政学院）电子政务研究中心、中央党校（国家行政学院）信息技术部	
中国科普网	科普时报社	
中国科普博览	中国科学院计算机网络信息中心	
科普中国网	中国科学技术出版社有限公司	
华为自研 AI 深度学习框架	华为技术有限公司	专业人工智能知识的研究和应用资源，适用于学有余力、有浓厚兴趣继续深入学习的教师和学生
百度深度学习平台	百度在线网络技术（北京）有限公司	
阿里云人工智能学习资源	阿里巴巴集团控股有限公司	
腾讯人工智能学习社区	深圳市腾讯计算机系统有限公司	
科大讯飞 AI 大学堂	科大讯飞股份有限公司	

　　第一类是基础人工智能和信息技术知识的学习资源。这些资源旨在帮助初学者快速入门，并了解人工智能的基本概念和应用。在这个过程中，你可以找到适合自己的教材、在线课程或学习社区。通过这些资源，你可以掌握基础编程语言、算法和模型，为进一步学习打下坚实的基础。

　　第二类是专业人工智能知识的研究和应用资源。如果你对人工智能有了一定的了解，并且想要进一步探索和研究，那么这些资源将有助于你更好地理解人工智能领域的前沿技术和最新研究成果，并将其应用于具体领域的解决方案中。

（二）应用性学习资源推荐

　　本部分内容介绍了当前国内外在语言学习、文本写作、艺术创作、编程设计、知识学伴和心理辅导六个场景中的一些生成式人工智能应用和学习资源（见表 6-3）。这些应用和资源能够满足各类用户的需求，提供便捷的学习和创作平台。在语言学习方面，有多种应用可帮助使用者提升各项语言技能。对于文本写作，有工具可以检查语法和拼写错误，并提供写作建议。在艺术创作领域，数字绘画和设计工具为创作者提供了丰富的创作方式和特效。编程设计平台和工具使得学习和交流变得更加便捷。在知识学伴方面，有在线学习平台和教育资源，适合学生和教师使用。心理辅导应用和平台为关注心理健康的人们提供了支持。总体而言，这些应用和学习资源为我们提供了丰富多样的学习、创作和成长机会，为我们的学习和生活增添了便利与乐趣。

表 6-3　人工智能的应用性学习资源

场景	应用名称	运营者	产品形式	功能简介
语言学习	多邻国	北京多邻国科技有限公司	App	满足不同人群的零基础语言学习需求，包含英语、日语、韩语等 40 多个语种，用游戏闯关的方法，每天练习 10—15 分钟即可循序渐进学习。
	星火语伴	科大讯飞股份有限公司	App	一款专为英语学习者打造的学习应用，集英语翻译、口语评测和语法检测于一体。
	Hi Echo – 虚拟人口语私教	北京网易有道计算机系统有限公司	App	英语口语学习工具，覆盖 8 个对话场景和 68 个话题，包括考试话题、生活经历、社会话题、职场相关、个人相关、食物、兴趣、旅行等，还支持自由对话，从单词、发音、语法三个维度给出分数，从语法、用词、风格三个维度为每轮对话给出优化建议。
文本写作	有道翻译	北京网易有道计算机系统有限公司	桌面版	内置人工智能助手，帮助学习者更好地阅读和写作，具体功能包括写作建议、内容扩写、智能翻译等。
	笔灵 AI	上海韩创网络科技有限公司	网页版	面向专业领域的人工智能写作工具，可以在线快速生成论文开题报告、论文摘要、论文大纲、文献推荐、公文等。
	WPS Office	北京金山办公软件股份有限公司	桌面版	内置 WPS AI，可直接在常用办公软件内实现文字智能生成、表格写公式、一键生成演示文稿等。
艺术创作	诗三百	个人开发	网页版	根据用户输入的主题和意境，快速生成各种不同风格的诗词作品，还可以根据内容生成不同风格的配图。
	讯飞智作	科大讯飞股份有限公司	网页版	用户根据自己需要，上传图片并进行主题描述，系统可自动生成音视频内容，支持人工智能配音、人工智能虚拟主播视频制作等内容创作。

场景	应用名称	运营者	产品形式	功能简介
编程设计	CodeArts Snap	华为云计算技术有限公司	插件	根据中英文描述生成完整的函数级代码，可以替代重复烦琐的人工编码，高效生成单元测试用例，还能自动检查和修复代码，确保代码质量。
	iFlyCode	科大讯飞股份有限公司	插件	一款智能编码助手插件，可以在编程过程中沉浸式生成代码建议，帮助提升编码效率。同时也提供对话交互窗口，具有代码类专业知识问答功能。
	Baidu Comate	百度在线网络技术（北京）有限公司	插件	基于文心大模型，支持 100 余种主流编程语言，提供 VS Code、IntelliJ IDEA、GoLand、PyCharm、WebStorm、CLion、PhpStorm、Android Studio 等 IDE（集成开发环境）插件。
知识学伴	Khanmigo	可汗学院	App	可以通过聊天界面与学习者进行对话，帮助他们学习和理解各种课程与主题，还可以根据可汗学院的课程内容生成不同类型的练习题和反馈，让学习者检测自己的进度和掌握程度。
	MathGPT	北京世纪好未来教育科技有限公司	网页版	覆盖小学、初中、高中的数学题，题型涵盖计算题、应用题、代数题等多个类型，可以实现题目的智能解答和追问。
心理辅导	上海市心理健康与危机干预重点实验室	上海市心理健康与危机干预重点实验室、镜象科技公司	小程序	内置心理健康领域人工智能大模型，集成了语言大模型、心理倾诉微调模型和情感判别式，为用户提供心理健康陪伴服务。
	聊会小天	西湖心辰（杭州）科技有限公司	小程序	基于西湖大模型的人工智能心理咨询师，提供心理测评、专家心理咨询等多种心理服务项目。
	减压星球	北京讯飞乐知行软件有限公司	小程序	基于联合安定医院研发的人工智能多模态拟人交互心理筛查技术，通过星火大模型内置的情感分析及语义分析，通过视频、语音语调、文字等多轮交互综合识别青少年心理情绪状态，并给予个性化指导建议。

我们不应满足于仅仅使用这些资源，而是应保持开放的思维，探索技术所带来的无限可能性。学习不仅仅是获取知识，更是培养好奇心、求知欲、创造力和创新精神的过程。通过学习和利用这些资源，我们可以尝试新的学习方式和工具，拓宽思维，培养探索和创新的精神，感受技术所带来的无穷可能性，激发对学习的浓厚兴趣，不断成长和进步。

因此，让我们积极利用这些学习和应用资源，开阔思路，探索技术所带来的无穷可能性，激发对学习的浓厚兴趣，并在学习中不断成长和进步。愿大家在使用这些资源的同时，能够持续探索，不断学习，成为更好的自己！

　　《百闻不如一试：生成式人工智能的初接触》不仅是促成生成式人工智能与学习者之间初次接触的引路者，更是探索智慧学习的关键一步。这不仅对学习者是一次新鲜的体验之旅，也让我们深感自己正在探索一个前沿且包含无限可能的新领域，在编写过程中充满了新奇与期待。

　　这本书是生成式人工智能与学习者的一次亲密会面。在此之前，生成式人工智能对于大多数学习者而言，还是一个陌生而遥远的概念。我们尽量通过深入浅出的方式，将这一技术的基本原理和应用方法呈现给广大学习者，希望能够激发大家利用新技术、采用全新学习方式开展学习的好奇心和探索欲。

　　这本书是生成式人工智能与学习者之间进行人机深度"对话"的一次重要契机。我们相信，向善的技术应该是与人的发展同向而行的，是人类成长的好伙伴、好助手。因此，我们在编写过程中，始终注重从促进学习者成长的角度出发，思考如何让人工智能技术与人类的学习活动实现真正的融合。我们希望这本书能成为学习者更加自然地与生成式人工智能进行交互对话的催化剂。

　　这本书是推动生成式人工智能让学习变得更加智慧所迈出的第一步。学习的目的不仅仅是获取知识，更是培养智慧和提高解决问题的能力。因此，我们将生成式人工智能视为一个有力的工具，它能够帮助学习者打开新的学习眼界，发现更多可能性和创新点，进而实现高阶思维的养成。我们希望这本书能成为一盏明灯，照亮更多人的智慧学习之路。

　　这本书也是生成式人工智能在学习应用中反哺技术升华的一个起点。技术的发展离不开实践的检验和反馈。生成式人工智能在学习领域的应用，不仅能够帮助学习者改进学习效果，还能够为技术的进一步发展和完善提供宝贵的经验，从而让生成式人工智能为学习提供更好的支撑。我们期望这本书能加速生成式人工智能的迭代，助推其在学习领域的持续深化应用。

　　《百闻不如一试：生成式人工智能的初接触》的完成实属不易，是团队协作的结晶。中国教育科学研究院院长李永智是本书编写组的组长，负责本书的总体策划与组织。马晓强为副组长，负责本书编写的整体统筹。祝新宇是本书编写执行负责人，承担书稿的内容框架设计、部分章节的编写及统稿工作。本书经过多次集体讨论，最终确定六章内容，由编写组成员分工合作完成。第一章"为什么要在学习中应用生成式人工智能"由包昊罡、张永军、袁婷婷、赵子琪共同撰写；第二章"究竟什么是生成式人工智能"由金龙、马筱琼、黄倩共同撰写；第三章"在学习中如何应用生成式人工智能"由罗李、祝新宇、刘畅、李永宾、何润东、张扬共同撰写；第四章"在学习中应用生成式人工智能需要注意的问题"由魏轶娜、何春、袁婷婷、许雁共同撰写；第五章"生成式人工智能学习应用的未来展望"由曹培杰、左晓梅、武卉紫、韩萌共同撰写；第六章"生成式人工智能学习应用的相关法律政策及学习资源推荐"由王学男、孔令军、马小康共同撰写。书稿统稿工作由祝新宇、韩萌、罗李、袁婷婷共同完成。在本书编写过程中，我们深感责任重大。每个字、每句话、每个章节都承载着我们对生成式人工智能赋能教育变革的使命感。我们希望，《百闻不如一试：生成式人工智能的初接触》的出版，能对广大学习者产生积极影响，不仅帮助学习者树立正确的技术观念、改进学习效果，而且激发他们对未来教育的无限期待和执着追求。同时，我们也期待本书的出版，能引起更多人对生成式人工智能在教育领域应用的关注和探讨，大家共同推动教育事业的进步和发展。

最后，再次感谢所有为本书做出贡献的同人和读者朋友们！愿《百闻不如一试：生成式人工智能的初接触》能够为您的智慧学习之旅增添一抹亮色，为您的未来发展助力加油！